KOSMOS
NATURSAMMELSURIUM

BÄRBEL OFTRING
STEFAN CÖLSCH

KOSMOS *Natur* SAMMELSURIUM

KOSMOS

Tauchen Sie ein in ein witziges, informatives, nachdenklich stimmendes, erheiterndes, neugierig auf mehr machendes, Antworten lieferndes, abwechslungsreiches, ergreifendes und stimmungsvolles Natur-Sammelsurium.

In diesem Buch finden Sie eine Ansammlung von Fakten aus allen Bereichen der Natur. Ein Buch zum Stöbern. Ein Buch zum Festlesen. Ein kurzweiliger Begleiter auf Zugfahrten, im Wartezimmer sowie bei großen oder kleinen Geschäften. Sammeln Sie Informationen für den Small Talk auf Partys und Festen aller Art.

Das Natur-Sammelsurium zeigt Ihnen die Natur von einer neuen, faszinierenden, denkwürdigen, schillernden, verblüffenden und kuriosen Seite.

Wenn Sie in diesem Buch noch etwas vermissen oder noch mehr Wissen wollen, schicken Sie bitte Ihre Anregungen und Fragen an *sammelsurium@kosmos.de* – vielleicht beantwortet das und vieles mehr der nächste Band ...

DER HORIZONT

Um die Entfernung e zum Horizont zu berechnen, braucht man:

1. den Erdradius r (an jedem Ort der Erde anders aufgrund deren Abplattung)
2. die Augenhöhe a des Beobachters
3. den Satz von Pythagoras $e^2 + r^2 = (r+a)^2$
4. ein mathematisches Gehirn oder einen Taschenrechner

Erdradius an der Nordseeküste .... 6367 km
Erdradius am Äquator .... 6378 km
Erdradius am Nordpol .... 6356 km

ENTFERNUNG DES HORIZONTES AN DER NORDSEEKÜSTE FÜR
Hund .... 1,95 km
Kind .... 3,57 km
Frau .... 4,37 km
Mann .... 4,65 km
Mensch auf einer Düne .... 8,21 km
Mensch vom Balkon im 3. Stock des Strandhotels .... 9,91 km
Mensch von einer 50 m hohen Klippe auf Helgoland .... 25,66 km
Möwe in 200 m Höhe .... 50,47 km

ZEHN ANOMALIEN VON WASSER

1. Festes Wasser ist leichter als flüssiges.
2. Wasser ist bei 4 °C in flüssiger Form am dichtesten.
3. Wasser gefriert nicht unbedingt bei 0 °C.
4. Heißes Wasser gefriert schneller als kaltes.
5. Bei enormem Druck bildet sich auch bei 100 °C amorphes (nicht kristallines) Eis.
6. Flüssiges Wasser kann doppelt so viel Energie in Form von thermischer Energie speichern wie festes.
7. Feste Gas-Wasserhydrate brennen.
8. Unter Druck wird Eis zu Wasser.
9. Das Volumen von Eis ist größer als von flüssigem Wasser.
10. Wasser bildet darin enthaltene Substanzen ab, auch wenn diese nicht mehr messbar sind (Emoto Masaru).

REISE DER SONNE DURCH DEN TIERKREIS

Von der Erde aus gesehen scheint die Sonne einmal im Jahr durch die Sternbilder der Ekliptik, den Tierkreis, zu wandern. Im Jahr 1930 legte die Internationale Astronomische Union die heute noch gültigen Grenzen aller Sternbilder fest.

WECHSEL DER SONNE IN EIN NEUES STERNBILD DES TIERKREISES

19. Januar Steinbock

16. Februar Wassermann

12. März Fische

18. April Widder

14. Mai Stier

21. Juni Zwillinge

20. Juli Krebs

10. August Löwe

16. September Jungfrau

31. Oktober Waage

23. November Skorpion

29. November Schlangenträger

18. Dezember Schütze

❧

DER FRÜHLINGSGESANG DER STARE

Starenmännchen laufen zur Paarungszeit im Frühjahr zur Hochform auf und imitieren den Gesang anderer Vögel und Geräusche. Zu ihrem stimmlichen Repertoire gehören:

Nachtigall
Elster
Schwalben
Miauen einer Katze
Gezirpe der Heuschrecken
Quaken der Frösche
Handy-Klingeltöne
ganze, von Menschen gesprochene Sätze
quietschende Reifen

DIE FOLGSAMEN STUTEN DES PROPHETEN MOHAMMEDS

Abayyah
Hadbah
Hamdaniyah
Kuhaylah
Saqlawiyah

WISSENSCHAFTEN

Wissenschaft vom Nichtwissen .... Agnoiologie
Wissenschaft von den Menschen .... Anthropologie
Wissenschaft von den Spinnen .... Arachnologie
Wissenschaft von den Käfern .... Coleopterologie
Wissenschaft von den Schalentieren .... Conchologie
Wissenschaft von den Jahresringen im Holz .... Dendrochronologie
Wissenschaft von den Hormonen .... Endokrinologie
Wissenschaft von den Insekten .... Entomologie
Wissenschaft von den Fürzen .... Flatologie
Wissenschaft von den Vorgängen beim Kauen .... Gnathologie
Wissenschaft von Müll und Abfall .... Grabologie
Wissenschaft von Lurchen und Kriechtieren .... Herpetologie
Wissenschaft von den Pferden .... Hippologie
Wissenschaft vom Schlaf .... Hypnologie
Wissenschaft von den Fischen .... Ichthyologie
Wissenschaft vom von Vogelnestern .... Kaliologie
Wissenschaft vom Frostboden .... Kryopedologie
Wissenschaft von den Hunden .... Kynologie
Wissenschaft von der Dummheit .... Morologie
Wissenschaft vom Geisteswissen .... Noologie
Wissenschaft von der Klassifikation der Krankheiten .... Nosologie
Wissenschaft von der Luftfeuchtigkeit .... Notiologie
Wissenschaft vom Vogelei .... Oologie
Wissenschaft von den Erscheinungen .... Phänologie
Wissenschaft von den Äpfeln .... Pomologie
Wissenschaft von der Mondgeologie .... Selenologie
Wissenschaft vom Kot und der Analkunde .... Skatologie
Wissenschaft von den Pflanzengallen .... Zezidiologie

WETTERBERICHT JENA, AUGUST IM 21. JAHRHUNDERT NACH CHRISTUS

1. August 2005	wenig sommerliches Wetter
2. August 2006	regnerischer, kühler Tag
3. August 2001	heftiger Regen mit 10 Liter/m^2
4. August 2006	geschlossene Wolkendecke
5. August 2006	Regentag mit 44 Liter/m^2
6. August 2002	kältester Morgen mit 11,9 °C
7. August 2006	kühler Tag mit nur 19 °C
8. August 2005	niedrigste Tagestemperatur von nur 9,2 °C
9. August 2006	trockenes, kühles Sweatshirtwetter
10. August 2006	bewölkter Himmel
11. August 2006	immer noch kühl, Temperaturen unter 20 °C
12. August 2002	starke Regenfälle mit 31 Liter/m^2
13. August 2003	heißester Tag, höchste Temperatur 36,9 °C
14. August 2000	höchste Tagestemperatur 33,5 °C
15. August 2001	Hitzewelle, Höchsttemperatur von 36,7 °C
16. August 2006	sonniger Morgen
17. August 2000	gewaltiger Hagelschauer
18. August 2003	wenig Niederschlag
19. August 2002	wärmster Augusttag des Jahres
20. August 2000	heftiges Gewitter mit 32 Liter/m^2
21. August 2001	Kaltfront beendet den heißen Sommer
22. August 2004	Zwischenhoch mit kühleren Temperaturen
23. August 2004	kühler Morgen mit nur 7,1 °C
24. August 2003	ein bisschen Regen
25. August 2005	niedrigster Luftdruck des Monats
26. August 2000	klare Nacht mit Temperaturen von nur 8,7 °C
27. August 2002	heftiger Regenguss mit 29 Liter/m^2
28. August 2006	regnerisch, Regenschirm nicht vergessen
29. August 2003	Tiefdruckgebiet mit Temperatursturz
30. August 2004	spätsommerliches Wetter
31. August 2005	wärmster Tag des Monats mit 29,4 °C

ANZAHL DER HALSWIRBEL BEI SÄUGETIEREN

Manatu	6
Unau	6
Delfin	7
Feldmaus	7
Giraffe	7
Katze	7
Mensch	7
Ai	8–9

KÖNIGE …

König der Achttausender	Reinhold Messner
König der Arktis	Eisbär
König der Berge	Mount Everest
König des Dschungels	Tarzan
König der Edelsteine	Diamant
König der Gartenteiche	Koi
König der Gemüse	Spargel
König der Gesundmacher	Apfel
König der Gräser	Bambus
König der Heringe	Heringskönig
König der Lüfte	Adler
König der Meere	Jacques-Yves Cousteau
König der Metalle	Gold
König der Pilze	Trüffel
König der Planeten	Jupiter
König der Ratten	Rattenkönig
König der Speisefische	Lachs
König der Tiere	Löwe
König der Tyrannenechsen	Tyrannosaurus rex
König der Wachteln	Wachtelkönig
König der Wüste	Kamel
König der Wasservögel	Schwan
König der Zäune	Zaunkönig

… UND KÖNIGINNEN

Königin der Alpenblumen	Edelweiß
Königin der Bäume	Eiche
Königin der Beerenfrüchte	Erdbeere
Königin der Blumen	Rose
Königin der Früchte	Ananas
Königin der Frühlingsblumen	Tulpe
Königin der Gewürze	Vanille
Königin der Juwelen	Perle
Königin der Muscheln	Auster
Königin der Nacht	Nachtigall
Königin der Schimpansen	Jane Goodall
Königin der Schlangen	Königskobra
Königin der Wasserpflanzen	Seerose

BESTANDTEILE DER LUFT (IN PROZENT)

Stickstoff	78,09
Sauerstoff	20,943
Argon	0,9327
Kohlendioxid	0,0318
Neon	0,0018
Helium	0,00052
Krypton	0,0001
Wasserstoff	0,00005
Stickoxide	0,000022
Xenon	0,000008

HEIMISCHE GETREIDE

1 Hafer *(Avena sativa)*
2 Gerste *(Hordeum vulgare)*
3 Roggen *(Secale cereale)*
4 Weizen *(Triticum aestivum)*
5 Dinkel *(Triticum spelta)*

1 2 3 4 5

WHO IS WHO WEIZEN

Dinkel	begrenzter Anbau als spezielles Brotgetreide
Einkorn	älteste Weizenart
Emmer	alte Weizenart
Grünkern	unreifes, geröstetes Korn von Dinkel
Hartweizen	besonders kleberreiche Weizenart
Kamut	Zuchtform des Emmers
Couscous	Hartweizengrieß
Spelt	anderer Name für Dinkel
Weichweizen	der am weitesten verbreitete Weizen
Sommerweizen	im Frühjahr angesäter Weizen
Winterweizen	im Herbst angesäter Weizen
Wechselweizen	Sommerweizen, der im Herbst angesät wird

SALZGEHALT VON GEWÄSSERN (IN GEWICHTSPROZENT)

Assalsee, Ostafrika	bis zu 35
Totes Meer, Israel	bis zu 33
Großer Salzsee, USA	bis zu 27
Persischer Golf	4,0
Östliches Mittelmeer	3,8
Rotes Meer	3,7–4,3
Westliches Mittelmeer	3,6
Meerwasser, durchschnittlich	3,5
Nordsee	3,5
Irische See	3,4–3,7
Pazifischer Ozean	3,4
Indischer Ozean	3,4
Atlantischer Ozean	3,0–3,7
Nordpolarmeer	3,0–3,5
Westliche Ostsee	2,0
Schwarzes Meer	1,7–1,8
Kaspisches Meer	1,0–3,0
Östliche Ostsee	0,4

POLLENFLUGKALENDER

Hauptflugzeit der wichtigsten windbestäubenden Pflanzen, die Heuschnupfen auslösen können:

März	Erle und Haselnuss
April	Birke, Esche, Hainbuche, Pappel, Ulme und Weide
Mai	Buche, Eiche und Kiefer
Mai bis August	Gräser und Getreide
Juni	Linde, Roggen, Sauerampfer und Spitz-Wegerich
Juli	Brennnessel und Gänsefuß
August bis Oktober	Beifuß und Traubenkraut

TIPPS FÜR ALLERGIKER

Türen und Fenster, auch nachts, geschlossen halten. Im Freien getragene Kleidung nicht mit ins Schlafzimmer legen. Abends Haare waschen. Urlaub im Hochgebirge, am Meer oder in der Wüste machen.

KINDER, DIE VON TIEREN AUFGEZOGEN WURDEN

VON WÖLFEN

Shamdeo .... 4 Jahre alt, Indien 1972
Djuma .... 7 Jahre alt, Turkmenistan 1962
Ramu .... 7 Jahre alt, Indien 1954
Kamala .... 8 Jahre alt, Indien 1920
Amala .... 2 Jahre alt, Indien 1920
Shasta .... erfunden von Olaf Baker, 1919
Dina Sanichar .... 6 Jahre alt, Indien 1867
Mowgli .... erfunden von Rudyard Kipling, 1854
Lobo-Mädchen .... 10 Jahre alt, USA 1845
Romulus und Remus .... Legende, Italien 753 v. Chr.

VON HUNDEN

Andrei Tolstyk .... 7 Jahre alt, Russland 2004
Traian Caldara .... 7 Jahre alt, Rumänien 2002
Axel Rivas .... 11 Jahre alt, Chile 2001
Ivan Mishukov .... 6 Jahre alt, Russland 1998
Kunu Masela .... 6 Jahre alt, Kenia 1983

VON AFFEN

Bello .... 2 Jahre alt, Nigeria 1996
John Ssebunya .... 6 Jahre alt, Uganda 1991
Saturday Mthiyane .... 5 Jahre alt, Südafrika 1987
Robert .... 6 Jahre alt, Uganda 1985
Baby Hospital .... 7 Jahre alt, Sierra Leone 1984
Tissa .... 11 Jahre alt, Sri Lanka 1973
Tarzan .... erfunden von Edgar Rice Burroughs 1914

VON BÄREN

Pyrenea .... erfunden von Regis Loisel 1998
Goongi .... 14 Jahre alt, Indien 1914
Joseph .... 12 Jahre alt, Litauen 1660

VON SCHAFEN

Skiron .... Griechenland 1891

VON ZIEGEN

Daniel .... 12 Jahre alt, Peru 1990
Aegisthus .... Italien 250

DIE BEI UNS HÄUFIGSTEN HAUSTIERE

Hausstaubmilbe
Stubenfliege
Essigfliege
Kellerassel
Kakerlake
Silberfischchen
Dörrobstmotte
Kleidermotte
Holzwurm
Mehlkäfer
Zitterspinne
Kopflaus

LEBEWESEN PRO QUADRATMETER IN DEN OBERSTEN 30 CM BODEN

1 Billion Bakterien
11 Milliarden Pilze
1 Million Algen
600 Millionen Geißel- und Wimpertierchen
über 100.000 Kleintiere
10.000 Borstenwürmer
500 weitere größere Kleintiere
100 Käfer und Larven
80 Regenwürmer
50 Schnecken
50 Spinnen
50 Asseln

DIE TÖDLICHSTEN INSEKTEN

LD50 ist die Giftdosis in mg pro kg Körpergewicht des Opfers, nach deren Verabreichung die Hälfte der Versuchstiere (Mäuse) starb.

Ernteameise *(Pogonomyrmex maricopa)* .... 0,12 mg/kg
Paper Wasp *(Polistes canadensis)* .... 2,4 mg/kg
Honigbiene *(Apis mellifera)* .... 2,8 mg/kg
Southern Yellowjacket *(Vespula squamosa)* .... 3,5 mg /kg
Hornisse *(Vespa crabro)* .... 10 mg/kg
Baldfaced Hornet *(Dolichovespula maculata)* .... 30 mg/kg
Ameisenwespe *(Dasymutilla klugii)* .... 71 mg/kg

PLANETEN, AUF DENEN SAUERSTOFF O_2 VORKOMMT

Planet	*O_2 frei in der Atmosphäre*	*O_2 als Kohlendioxid in der Atmosphäre*	*O_2 als Silikat im Gesteinsmantel*	*O_2 im Kern*
Merkur			O_2	O_2
Venus		O_2	O_2	O_2
Erde	O_2	O_2	O_2	O_2
Mars		O_2	O_2	O_2
Jupiter				O_2
Saturn				O_2
Uranus				O_2
Neptun				O_2
HD 209458b, Pegasus		O_2		

JAHR DER WISSENSCHAFT

Seit dem Jahr 2000 wird jedes Jahr ein neuer Themenschwerpunkt als Wissenschaftsjahr vom Bundesministerium für Bildung und Forschung zusammen mit der Initiative Wissenschaft im Dialog ausgerufen.

2000 .... Jahr der Physik
2001 .... Jahr der Lebenswissenschaft
2002 .... Jahr der Geowissenschaften
2003 .... Jahr der Chemie
2004 .... Jahr der Technik
2005 .... Einsteinjahr
2006 .... Informatikjahr
2007 .. Deutsch-Ägyptisches Jahr der Wissenschaften und Technologie

BLINDE LURCHE

Grottenolm, Blindwühle, Texanischer Brunnenmolch

DAS SEXUALLEBEN VON MENSCHENAFFEN UND MENSCH

	Orang-Utan	*Gorilla*	*Schimpanse*	*Mensch*
Körpergewicht	♀ 37 kg ♂ 69 kg	♀ 93 kg ♂ 160 kg	♀ 43 kg ♂ 49 kg	♀ 58 kg (20-jährig) ♂ 72 kg (20-jährig)
Hodengewicht	35,3 g	29,6 g	118,8 g	40,5 g
Gliedlänge, erigiert	4 cm	3 cm	8 cm	13 cm
Ejakulatvolumen	1,2 ml	0,4 ml	1,1 ml	2,5 ml
Spermiendichte	76 Mio./ml	65 Mio./ml	548 Mio./ml	70 Mio./ml
Anzahl Spermien pro Ejakulation	91 Mio.	65 Mio.	603 Mio.	175 Mio.
Brüste	nur während der Stillzeit entwickelt	nur während der Stillzeit entwickelt	nur während der Stillzeit entwickelt	von Pubertät an permanent entwickelt
Dauer der Brunstperiode	3–8 Tage	1–3 Tage	7–17 Tage	fehlt, erhöhte Paarungsbereitschaft in Zyklusmitte
Dauer des Menstruationszyklus	26–32 Tage	36–72 Tage	22–187 Tage	24–35 Tage
Orgasmus	keine Berichte	Berichte liegen vor		vorhanden
Kopulationsdauer	11 min	1,5 min	7 sec	sehr variabel, 2–60 min
Kopulationshäufigkeit	0,5/Tag während 5-tägiger Kurzehe	0,4/Stunde, nur während weiblicher Brunst	♀ 12/Tag; ♂ bis zu 50/Tag	1–3,5/Woche
Paarungssystem	Ein-Männchen-Gruppe ♂ Vielweiberei ♀ treu	Ein-Männchen-Gruppe ♂ Vielweiberei ♀ treu	Viel-Männchen-Gruppe ♂ und ♀ mit wechselnden Partnern	fraglich ♂ und ♀ mit wechselnden Partnern oder wiederholt treu

männlich: ♂ weiblich: ♀

ANGEBORENE FLUGROUTEN DER WEISSSTÖRCHE

Westzieher .... über Spanien nach Westafrika
Ostzieher .... über die Türkei nach Ost- und Südafrika

WARENKUNDE RIND

So heißen die einzelnen Fleischstücke beim Rind:

1 Kamm, Nacken, Hals
2 Fehlrippe, Hohe Rippe
3 Hochrippe, Roastbeef
4 Filet
5 Hüfte, Blume
6 Spannrippe, Querrippe
7 Brust, Bruststpitze
8 Bug, Schulter, Blatt
9 Vorderhesse
10 Dünnung
11 Kugel
12 Unter- und Oberschale
13 Hinterhesse
14 Schwanz

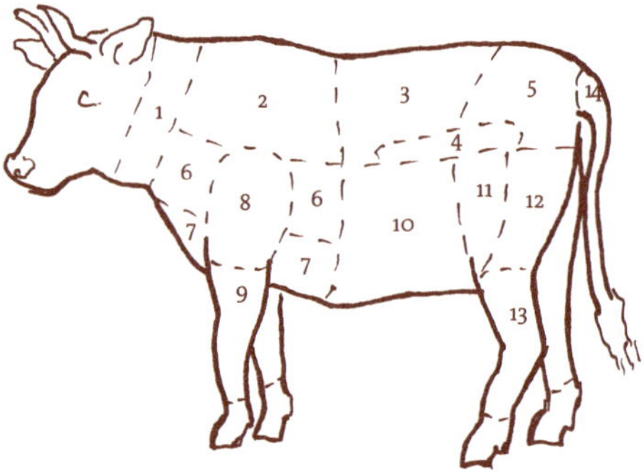

WARENKUNDE SCHWEIN

So heißen die einzelnen Fleischstücke beim Schwein:

1 Rückenspeck
2 Nacken
3 Kotelett
4 Hüfte
5 Dicke Rippe
6 Schulter
7 Filet
8 Rippe
9 Bauch
10 Nussschinken
11 Schinken, Oberschale
12 Eisbein

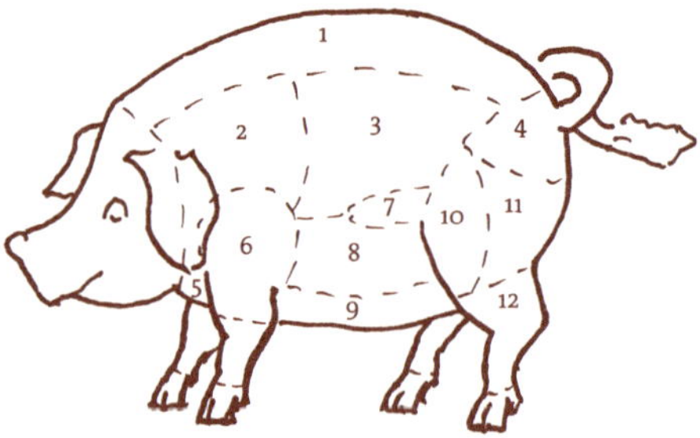

HÄRTEGRAD DER MINERALIEN

In der Mohs'schen Härteskala werden die Mineralien so eingeteilt, dass jedes Mineral vom nachstehenden, härteren Mineral geritzt werden kann: Gips ritzt Talk, Diamant ritzt Korund. Bei den Materialien ähnlicher Härte stehen abweichende Härtegrade in Klammern.

Mohs'sche Härte	*Ritzbarkeit*	*Mineral*	*Materialien ähnlicher Härte*	*Schleifhärte*
1	mit dem Fingernagel	Talk	Graphit, Blei (1,2)	0,03
2	mit dem Fingernagel	Gips	Steinsalz, Fingernagel (2,5)	1,25
3	mit dem Messer	Kalzit	Gold, Silber, Kupfer	4,50
4	mit dem Messer	Fluorit	Platin (4,3), Eisen (4,5)	5,00
5	mit dem Messer	Apatit	Asbest, Mangan, Stahlklinge (5,5)	6,50
6	ritzt Fensterglas	Orthoklas	Opal, Türkis, Zahnschmelz (5–8)	37,00
7	ritzt Fensterglas	Quarz	Amethyst, Granat, Jade	100,00
8	ritzt Fensterglas	Topas	Aquamarin, Smaragd	175,00
9	ritzt Fensterglas	Korund	Saphir, Rubin, Chrom	1000,00
10	ritzt Fensterglas	Diamant	Hartmetall (9-10)	140.000,00

HÄRTEGRADE TRINKWASSER

1 °d entspricht 1 g Kalziumoxid (CaO) pro 100 Liter Wasser oder 0,178 mmol pro Liter; Tee oder Kaffee schmeckt am besten mit Wasser von 8–10 °d.

Härtebereich	*Härtequalität*	*Grad deutsche Härte (°d)*	*Konzentration CaO*
1	weich	0–7	bis 1,3 mmol/Liter
2	mittel	7–14	1,3–2,5 mmol/Liter
3	hart	14–1	2,5–3,8 mmol/Liter
4	sehr hart	über 21	über 3,8 mmol/Liter

VOGEL DES JAHRES

1974	Mehlschwalbe
1975	Goldregenpfeifer
1976	Wiedehopf
1977	Schleiereule
1978	Kranich
1979	Rauchschwalbe
1980	Birkhuhn
1981	Schwarzspecht
1982	Großer Brachvogel
1983	Uferschwalbe
1984	Weißstorch
1985	Neuntöter
1986	Saatkrähe
1987	Braunkehlchen
1988	Wendehals
1989	Teichrohrsänger
1990	Pirol
1991	Rebhuhn
1992	Rotkehlchen
1993	Flussregenpfeifer
1994	Weißstorch
1995	Nachtigall
1996	Kiebitz
1997	Buntspecht
1998	Feldlerche
1999	Goldammer
2000	Rotmilan
2001	Haubentaucher
2002	Haussperling
2003	Mauersegler
2004	Zaunkönig
2005	Uhu
2006	Kleiber
2007	Turmfalke

REGENBOGENFARBEN

Merksatz zu den Spektralfarben: rot = top und violett = innen
Hauptregenbogen:

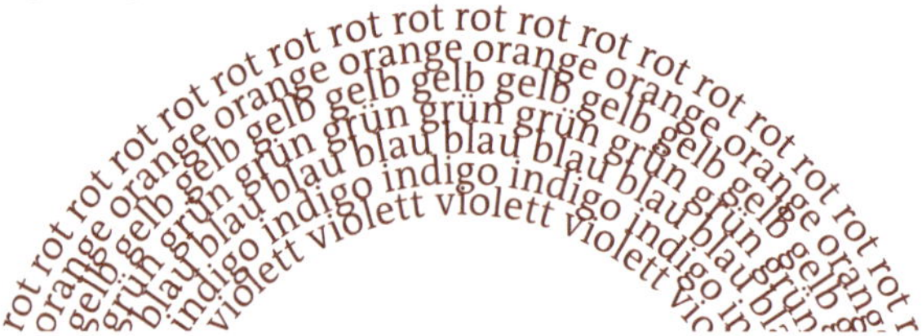

Nebenregenbogen:

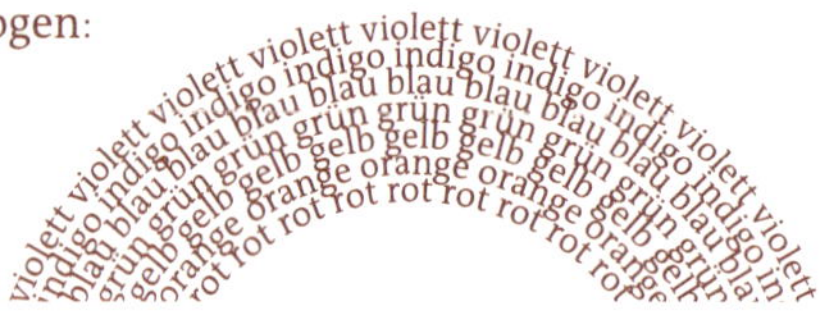

NORMALNULL* ODER DIE HÖHE ÜBER DEM MEERESSPIEGEL

Land	*Bezeichnung*	*Pegel*
Deutschland (seit 1993)	Meter über Normalhöhennull (m ü. NHN)	Amsterdam, Nordsee
BRD, Alte Bundesländer	Normalnull	Amsterdam, Nordsee
DDR, Neue Bundesländer	Höhennull	Kronstadt, Finnischer Meerbusen
Frankreich	Niveau de la mer	Marseille, Mittelmeer
Italien	Metri sul livello del mare (m s.l.m.)	Genua, Mittelmeer
Polen	metry nad poziomem morza (m n.p.m.)	Kronstadt, Finnischer Meerbusen
Österreich	Meter über Adria (m ü. A.)	Triest 1875, Mittelmeer
Schweiz	Meter über Meer (m ü. M.)	Marseille, Mittelmeer
Slowakei	metrov nad morom (m n.m.)	Kronstadt, Finnischer Meerbusen
Schweden	Meter över havet (m ö.h.)	Amsterdam, Nordsee
Tschechien	metrech nad moem (m n.m.)	Kronstadt, Finnischer Meerbusen

UNGEFÄHRE** HÖHENDIFFERENZ VON NORMALNULL ZWISCHEN DEUTSCHLAND UND …

Italien	+ 57 cm
Länder ehemaliges Jugoslawien	+ 37 cm
Schweiz	+ 32 cm
Österreich	+ 25 cm
Tschechien	- 31 cm
Slowakei	- 32 cm
Ungarn	- 35 cm

* Festgelegte Höhe, auf die sich die Höhenmessungen beziehen (Duden Online 2007).

** Zwischen den verschiedenen Höhensystemen ist aufgrund der komplexen Gestalt der Erde keine einfache Umrechnung mit einer Konstanten möglich.

NATUR-PHOBIEN

Acarophobie	Furcht vor Insektenstichen und stechenden Insekten
Achluophobie	Furcht vor Dunkelheit
Aerophobie	Furcht vor frischer Luft
Agrizoophobie	Furcht vor wilden Tieren
Akrophobie	Furcht vor Höhen
Alliumphobie	Furcht vor Knoblauch
Anemophobie	Furcht vor Wind
Antlophobie	Furcht vor Hochwasser
Arachnophobie	Furcht vor Spinnen
Arsonphobie	Furcht vor Feuer
Bacillophobie	Furcht vor Mikroben
Bathophobie	Furcht vor Blick in die Tiefe
Botanophobie	Furcht vor Pflanzen
Brontophobie	Furcht vor Gewittern
Canophobie, Cynophobie	Furcht vor Hunden
Chaetophobie	Furcht vor Haaren
Elurophobie, Felinophobie	Furcht vor Katzen
Entomophobie	Furcht vor Insekten
Helminthophobie	Furcht vor Eingeweidewürmer
Homichlophobie	Furcht vor Nebel
Hydrophobie	Furcht vor Wasser
Hylophobie	Furcht vor Sonnenlicht
Ichthyophobie	Furcht vor Fischen
Insectophobie	Furcht vor Insekten
Musophobie	Furcht vor Mäusen
Mycophobie	Furcht vor Pilzen
Noctiphobie, Nyctophobie	Furcht vor der Nacht
Nyctohylophobie	Furcht vor dunklen Wäldern
Ombrophobie	Furcht, durch Regen nass zu werden
Ophidiophobie	Furcht vor Schlangen
Ornithophobie	Furcht vor Vögeln
Pediculophobie	Furcht vor Läusen
Pyrophobie	Furcht vor Feuer
Selenophobie	Furcht vor dem Mond
Spheksophobie	Furcht vor Wespen
Taurophobie	Furcht vor Stieren
Thalassophobie	Furcht vor dem Meer
Xerophobie	Furcht vor Trockenheit
Zoophobie	Furcht vor Tieren

„NAH VERWANDT“

Ginkgobaum – Eibe .... Nacktsamer (Gymnospermen)
Tintenfisch – Weinbergschnecke .... Weichtiere (Mollusken)
Seegurke – Seestern .... Stachelhäuter (Echinodermaten)
Kellerassel – Flohkrebs .... Großkrebse (Malacostracen)
Weißer Hai – Mantarochen .... Knorpelfische (Chondrichthyes)
Blindschleiche – Zauneidechse .... Echsen (Lacertilien)
Dinosaurier – Vögel .... Archosaurier
Igel – Maulwurf .... Insektenfresser (Insectivoren)
Meerschweinchen – Eichhörnchen .... Nagetiere (Rodentier)
Lama – Kamel .... Kamele (Cameliden)
Elefant – Klippschliefer .... Paenungulaten
Elefant – Seekuh .... Paenungulaten
Pottwal – Flusspferd .... Urpaarhufer (Cetartiodactylen)
Mensch – Zwergschimpanse Bonobo .... Homininen

CHRISTLICHE SYMBOLE FÜR DIE GRABGESTALTUNG

Ähre .... Fruchtbarkeit, Erlösung
Alpenveilchen .... das blühende Herz Marias
Buchsbaum .... Treue, Liebe, Unsterblichkeit
Chrysanthemen .... Liebe, die über den Tod hinaus dauert
Efeu .... ewiger Lebensfluss, Unsterblichkeit
Gräser .... Vergänglichkeit des menschlichen Lebens
Heide .... Heim und Familie
Heide, rot .... Leiden
Heide, weiß .... Glück
immergrüner Baum .... Unsterblichkeit, immerwährendes Leben
Laubbaum .... Auferstehung, ständige Erneuerung im Lebenskreis
Lebensbaum .... Leben, Einheit von Himmel und Erde
Lilie, weiß .... Reinheit, Unbeflecktheit
Mondsichel .... erinnert an das Totenschiff
Palmzweig .... Sieg über den Tod
Rose .... Zuneigung, Liebe und Treue über den Tod hinaus
Sonne .... Gott ist überall gegenwärtig.
Sterne .... Unsterblichkeit, Liebe, Langlebigkeit
Taube .... Frieden

VOLKSNAMEN BEKANNTER HEIMISCHER PFLANZEN

Pflanzenname	*Botanischer Name*	*Volksnamen*
Arznei-Beinwell	*Symphytum officinale*	Beinwurz, Soldatenwurz, Wallwurz, Wilder Komfrey
Bärlauch	*Allium ursinum*	Hexenknofel, Hexenzwiebel, Waldknoblauch, Waldherre, Wilder Knoblauch, Zigeunerlauch
Beifuß	*Artemisia vulgaris*	Besenkraut, Buckell, Gänsekraut, Jungfernkraut, Krähenfuß, Sonnwendgürtel, Wilder Wermut
Echte Kamille	*Matricaria recutita*	Apfelkraut, Feldkamille, Johannisköpfchen, Kamelle, Mägdeblume, Teeblom
Gänseblümchen	*Bellis perennis*	Augenblümchen, Gänseliesl, Maiblume, Maßliebchen, Regenblume, Osterblume, Tausendschön
Große Brennnessel	*Urtica dioica*	Donnernessel, Dudelkolbe, Feuerkraut, Hanfnessel, Neddel, Nettel, Saunessel
Hirtentäschelkraut	*Capsella bursa-pastoris*	Gottesherz, Herzkraut, Schneiderkraut, Taschenkraut, Teufelsblume, Vogelkraut
Huflattich	*Tussilago farfara*	Heilwundkraut, Märzenblümchen, Pfannenkraut, Unsegenkraut, Wollblümli
Löwenzahn	*Taraxacum officinale*	Augenmilch, Bettsecher, Butterblume, Hundeblume, Kuhblume, Pusteblume, Schäfchenblume
März-Veilchen	*Viola odorata*	Blauröschen, Duftveilchen, Heckenveilchen, Märzennägeli, Marienstängl, Vegeli, Viole
Sauerampfer	*Rumex acetosa*	Großer Ampfer, Läusekraut, Salatampfer, Sauergras, Sauerstängel
Schafgarbe	*Achillea millefolium*	Achillenkraut, Bauchwehkraut, Fasanenkraut, Grillengras
Wegwarte	*Cichorium intybus*	Eisenkraut, Rattenwurz, Sonnenbraut, Verfluchte Jungfer, Wegwächter
Wiesen-Salbei	*Salvia pratensis*	Blaue Blume, Edelsalbei, Honigblume, Königssalbei, Rachenkraut, Salver, Wilder Salbei

TIERPERSÖNLICHKEITEN IM ZOO BERLIN

Name, Art, Geschlecht	*Stationen aus dem Leben*
BAO BAO Bambusbär (Großer Panda), Männchen	1980 Geschenk der Volksrepublik China an den Bundeskanzler Helmut Schmidt – Unterbringung im Zoo. 1991 Hochzeitsreise nach London, musste nach Paarungsakt vom Partnerin Ming Ming mit Hilfe eines Feuerlöschers getrennt werden. 1993 Rückkehr nach Berlin. 1997 Ankunft von Yan Yan als Lebenspartnerin.
BOBBY Flachland-Gorilla, Männchen	1928 Ankunft des zweijährigen Gorillas im Zoo Berlin, entwickelte sich als erster Gorilla in Menschenobhut vom Knaben zum erwachsenen Mann. 1935 starb er an einer Blinddarmentzündung. Heute Wappentier des Berliner Zoos.
KNAUTSCHKE Flusspferd, Männchen	Nach dem 2. Weltkrieg im Alter von 2 Jahren einer der wenigen überlebenden Tieren des Berliner Zoos – gefunden in seinem ausgelaufenen Becken – gerettet mit ein paar Eimern Wasser. 1947 leichte Verletzungen bei der Sprengung des Zoobunkers durch eine einstürzende Stalldecke. 1988 starke Verletzungen im Kampf mit einem seiner Söhne um die Gunst eines Weibchens.
KNUT Eisbär, Männchen	2006 Geburt am 5. Dezember im Zoo Berlin. Weil sich seine Mutter Tosca von Anfang an nicht um ihn kümmert, Vater Lars sowieso nicht, ziehen ihn Tierpfleger mit Welpennahrung auf.
NARAYANI Panzernashorn, Weibchen	1988 Geschenk des Königs von Nepal, Alter: 6 Monate. 1993 kam der dreijährige Bulle Belur als Partner in ihr Gehege; da sich trotz Paarungen kein Nachwuchs einstellte, wurde Belur gegen Yodah eingetauscht – doch sie zeigt kein Interesse für diesen.
PAULE Löwe, Männchen	1998 Geburt im Zoo Berlin; wurde kurz danach von der Mutter verjagt und von Tierpflegern aufgezogen. Heute spritzt er zuweilen Urin aus seinem Käfig.
PANG PHA Asiatischer Elefant, Weibchen	1987 Geschenk des Königs von Thailand 1998 Hochzeit mit Kiba, der tragischerweise noch während ihrer Schwangerschaft starb. 2000 Geburt ihres ersten Kalbs Plai Kiri, das später ebenfalls verstarb. 2004 Hochzeit mit Victor. 2005 Geburt eines zweiten Kalbes.

BERÜHMTE FILMTIERE

Babe	Schwein und der beste Schafhüter
Beethoven	Bernhardiner
Ben	der Bär
Bigfoot	Yeti
Black Beauty	Pferd
Bootsmann	Bernhardiner auf Saltkrokan
Cäsar	Hase bitteschööööön!
Cheetah	Schimpanse in Tarzan
Clarence	der schielende Dactari-Löwe
Judy	die Schimpansin in Dactari
Elsa	Löwin
Flicka	Pferd
Flipper	Delfin
Fury	Pferd
Herr Nilsson	Meerkatze von Pippi Langstrumpf
Kleiner Onkel	Pferd von Pippi Langstrumpf
Huutsch	Bordeauxdogge von Tom Hanks
King Kong	Riesengorilla
Lassie	Collie, der Retter in jeder Not
Mr. Ed	sprechendes Pferd
Pete	der Hund der Kleinen Strolche
Phil	Murmeltier, das den Beginn des Frühlings vorhersagt
Rex	Schäferhund im Polizeidienst
Rin Tin Tin	Schäferhund
Rudi Rüssel	Rennschwein
Skippy	das Känguruh
Tarantula	Monsterspinne
Wanda	Goldfisch
Der Weiße Hai	Menschenfressendes Monster
Willy	free the Schwertwal

TRANK DER AMAZONASINDIANER

Ayahuasca, ein psychoaktiver Trank, wird von den Schamanen der Amazonasindianer bei Ritualen getrunken. Besteht aus der Liane *Banisteriopsis caapi* und Blättern von *Chacrona, Challiponga, Cyperus, Diplopterys, Ilex, Psychotria*, und anderen Pflanzen.

KENNZEICHNUNG VON NATÜRLICHEN TEXTILFASERN

Alfa .... Fasern des Alfa- oder Espartogras *(Stipa tenacis-sima)*
Alpaka .... Fasern vom Alpakakamelfell
Angora .... Fasern vom Angorakaninchen
Baumwolle .... Fasern aus den Samen verschiedener Baumwollpflanzen *(Gossypium-Arten)*
Biber .... Fasern vom Biberfell
Fischotter .... Fasern vom Fischotterfell
Ginster .... Stängelfasern aus Besenginster *(Cytisus scoparius)* oder Pfriemenginster *(Spartium junceum)*
Guanako .... Fasern vom Guanakokamelfell
Haar .... Haare verschiedener Tiere, auch von Hausziege, Pferd oder Rind
Hanf .... Stängelfasern des Hanfs *(Cannabis sativa)*
Henequen .... Bastfasern aus der Henequenagave *(Agave fourcroydes)*
Jute .... Stängelfasern verschiedener Jutearten *(Corchorus-Arten)*
Kamel .... Fasern vom Kamel
Kapok ...... Fasern aus der Frucht des Kapokbaums *(Ceiba pentandra)*
Kaschmir .... Fasern von der Kaschmirziege
Kokos .... Fasern aus den Schalen der Kokosnuss *(Cocos nucifera)*
Lama .... Fasern vom Lamafell
Leinen .... Stängelfasern des Flachs *(Linum usitatissimum)*, auch Flachs genannt
Maguey .... Bastfasern aus der Kantala-Agave *(Agave cantala)*
Manila .... Blattfasern des Manilahanfs *(Musa textilis)*
Mohair .... Fasern von der Angoraziege
Ramie .... Stängelfasern aus verschiedenen Chinagräsern
Seide .... Fasern, die ausschließlich aus den Seidenkokons von Insekten gewonnen werden
Sisal .... Blattfasern aus der Sisalagave *(Agave sisalana)*
Sunn ...... Bastfasern aus dem Bengalischen Hanf *(Crotalaria juncea)*
Vikunja .... Fasern vom Vikunjafell
Wolle .... Fasern vom Schaffell (darf auch mit Haaren von Alpaka, Lama, Kamel, Kaschmirziege, Angoraziege, Angorakaninchen, Vikunja, Yak, Guanako, Kaschgoraziege, Biber und Fischotter gemischt sein)
Yak .... Fasern vom Yakfell,
Acetat, Cupro, Modal, Triacetat Viskose ..... halbnatürliche Fasern aus verarbeiteten Zellulosefasern

ALLES GOLD DER ERDE

Ackergold	Kartoffel
Blaues Gold	Trinkwasser, wird auch Öl des 21. Jahrhunderts genannt
Braunes Gold	Kaffee, Tabak (Zigaretten)
Braunes Gold der Lausitz	Braunkohle
Braunes Gold Mexikos	Kakao
Duftendes Gold aus Bulgarien	Rosenöl
Flüssiges Gold	Erdöl, Whisky, Ulmer Bier
Flüssiges Gold der Alpen	Süßwasser
Flüssiges Gold der Bayern	Bier
Flüssiges Gold von Marokko	Arganöl
Gelbes Gold	Rapsöl, Palmöl
Gold der Inkas	Quinoa
Gold der Küche	Safran
Gold im Mund	Morgenstund'
Gold des Orient	Weihrauch
Gold der Ostsee	Bernstein
Gold des Piemont	Trüffel
Gold der Tropen	Banane
Gold unter den Gewürzen	Salz
Grünes Gold	Hopfen, tropischer Regenwald
Grünes Gold der Azteken	Avocado
Grünes Gold der Inkas	Kartoffeln
Grünes Gold der Küche	Olivenöl
Grünes Gold aus dem Urwald	Heilpflanzen
Grünes Gold vom Klamath-See	Blaugrüne Algen
Grünes Gold der Steiermark	Kürbiskernöl
Katzengold	Pyrit
Nasengold	Popel
Ontarios Gold	Ahornsirup
Rotes Gold	Rubine
Rotes Gold der Nordsee	kleine Speisegarnele
Schottlands Gold	Whisky
Schwarzes Gold	Erdöl, Kaviar, Steinkohle
Schwarzes Gold aus dem Urwald	Erdöl Venezuelas
Süßes Gold	Honig
Weißes Gold	Marmor, Silber, Kreide, Elfenbein
Weißes Gold Afrikas	Elfenbein
Weißes Gold südamerikanischer Bauern	Kokain
Weißes Gold der Wüste	Kochsalz

LEBENSZYKLUS DES KLEINEN LEBEREGELS

DER KLEINE LEBEREGEL *(Dicrocoelium dendriticum)* ist ein Parasit, der hauptsächlich Schafe und Rehe befällt und für den Menschen so gut wie keine Gefahr darstellt. Befallene Tiere erkranken an der Dicrocoeliose. Sie sind appetitlos und verlieren an Gewicht.

DER KLEINE LEBEREGEL ist 6–12 mm lang und von lanzettförmiger Gestalt. Der Lebenszyklus dieses Egels ist so bemerkenswert, dass ich mich immer wieder frage: Wie konnte sich so etwas Kompliziertes überhaupt entwickeln?

DER KLEINE LEBEREGEL lebt in den Gallengängen der Leber eines Schafes. Dort produziert er kleine Eikapseln, die über den Darm mit dem Kot ausgeschieden werden.

DIE EIKAPSELN werden von Schnecken aufgefressen, dem ersten Zwischenwirt. In der Schnecke schlüpfen aus den Eiern kleine geschwänzte Larvenformen, die in die Atemhöhle der Schnecke wandern. Dort werden sie zu Hunderten in Schneckenschleim gehüllt und von der Schnecke ausgestoßen.

FÜR DIESE SCHLEIMBALLEN haben Ameisen der Gattung *Formica* eine besondere Vorliebe. Sie, die zweiten Zwischenwirte, tragen sie herum und fressen sie auf. Im Magen der Ameise verlieren die Larven ihren Schwanz, durchbohren die Magenwand mit einem Bohrstachel, zwängen sich hindurch und verschließen das Bohrloch mit einer dunklen Kittsubstanz. Die Larven wandern in den Hinterleib, wachsen noch ein wenig und bilden feste Hüllen, die Cyste, um ihren Körper. Obwohl eine Ameise mehr als 100 solcher Cysten tragen kann, ist sie dennoch lebensfähig. Nun sind die Parasiten bereit, auf den Endwirt Schaf oder Reh umzusiedeln. Doch wie?

EINE EINZIGE der zahlreichen Larven wandert im Ameisenkörper nicht mit den anderen zum Hinterleib, sondern dringt in das Unterschlundganglion, einem Nervenknoten im Kopf des Insektes, ein. Dieser ist für die Steuerung der Mundwerkzeuge zuständig. Und dort bewirkt sie, dass die Ameise ihr Verhalten ändert: Statt am Abend nach getaner Arbeit in den heimatlichen Bau zurückzulaufen, klettert sie auf die Spitze eines Grashalms, eines Blattes oder einer Blüte. Dort oben verbeißt sie sich in ein Pflanzenteil und bekommt einen andauernden Krampf im Oberkiefer. Wenn nun ein Schaf die Pflanze mit der Ameise frisst, haben die Larven des Kleinen Leberegels ihr Ziel erreicht.

IM ZWÖLFFINGERDARM des Schafes schlüpfen adulte Leberegel aus ihren Cysten und wandern in die Gallengänge der Leber. Dort können sie bis zu drei Jahre alt werden.

ALLE GESCHEITERTEN MISSIONEN ZUM MARS

Von 38 bisherigen Marsmissionen verliefen nur 13 erfolgreich.

Name der Mission	*Start*	*Anmerkungen*
Mars 1960A (Marsnik 1), UdSSR	10.10.1960	Sonde stürzt in Ostsibirien ab
Mars 1960B (Marsnik 2), UdSSR	14.10.1960	290 Sekunden nach dem Start verglüht die Sonde beim Start
Sputnik 22 (Mars 1962A), UdSSR	24.10.1962	Weil die 4. Stufe beim Start nur kurz zündet, verbleibt die Sonde im Erdorbit und explodiert; Trümmerteile verursachen große Aufregung im US-Frühwarnsystem wegen der Kuba-Krise
Mars 1, UdSSR	1.11.1962	In 106 km Entfernung bricht am 21.3.1962 der Funkkontakt ab
Sputnik 24 (Mars 1962B), UdSSR	4.11.1962	Sonde strandet im Erdorbit und verglüht
Mariner 3, USA	5.11.1964	Kunststoffhülle schmilzt beim Start; Sonde verstummt 9 Stunden später
Sond 2 (Zond 2), UdSSR	30.11.1964	Funkverbindung zur Sonde reißt am 2.4.1996 wegen Energiemangel ab; Sonde passiert Mars
Mars 1969A, UdSSR	27.2.1969	Sonde explodiert beim Start und stürzt in Sibirien ab
Mars F, UdSSR	3.3.1969	Sonde stürzt beim Start ab
Mariner 8, UdSSR	8.5.1971	Start misslingt, Sonde stürzt in Puerto Rico ab und tötet eine Kuh
Mars 71S/ Kosmos 419, UdSSR	10.5.1971	Durch Programmierfehler (Zündung nach 1,5 Jahren statt nach 1,5 Stunden) verbleibt Sonde Mars 71S in der Erdumlaufbahn und wird zu Kosmos 419 umbenannt
Mars 2, UdSSR	19.5.1971	Lander zerschellt bei der Landung auf der Marsoberfläche; Orbiter sendet wenige Bilder zur Erde, auf denen wegen eines Sandsturms nichts zu sehen ist
Mars 3, UdSSR	28.5.1971	20 Sekunden nach erfolgreicher Landung des Landers bricht Funkkontakt ab; Orbiter ist nur alle 11 Tage in Marsnähe und sendet wenige, schlechte Bilder
Mars 4, UdSSR	21.7.1973	Sonde passiert den Mars in zu großer Entfernung, um Lander auf Oberfläche abzusetzen

Name der Mission	*Start*	*Anmerkungen*
Mars 5, UdSSR	25.7.1973	Nach 108 Aufnahmen und 12 Panoramen der Oberfläche bricht der Kontakt am 28.2.1974 wegen Druckverlust nach einem Meteoritentreffer ab
Mars 6, UdSSR	5.8.1973	Orbiter erreicht Marsorbit, übermittelte Daten sind unlesbar; Lander stürzt bei Landung ab oder setzt zu hart auf
Mars 7, UdSSR	9.8.1973	Marsorbit erreicht; Lander 4 Stunden zu früh abgetrennt, fliegt 1300 km am Mars vorbei; keine Daten, keine Bilder
Phobos 1, UdSSR	7.7.1988	Wegen eines falschen Signals, das am 2.9.1988 zur Sonde gesendet wird, dreht sich diese von der Sonne weg; als dieser Fehler am 5.9.1988 bemerkt wird, antwortet Sonde nicht mehr wegen entladener Batterien
Phobos 2, UdSSR	12.7.1988	Nach dem Senden weniger Daten von Marsoberfläche und dem Mond Phobos schweigt die Sonde am 17.3.1989 erst kurz, dann für immer
Mars Observer, USA	25.9.1992	Funkabbruch vor Erreichen des Marsorbits
Mars 96, GUS	16.11.1996	Absturz in der Atacama Wüste, Chile; Mars nicht erreicht
Mars Pathfinder (MPF), USA	4.12.1996	Gilt als erfolgreich, weil Landung auf der Marsoberfläche und Absetzung des Rovers „Sojouner" am amerikanischen Unabhängigkeitstag; aber: letzte empfangene Daten am 27.9.1997 und Ausfall des Landers viel zu früh schon am 6.10.1997
Nozomi, Japan	6.7.1998	Stromausfall an Bord der Sonde 5 Tage vor dem errechneten Ankunftstermin im Marsorbit und Aufgabe der Mission; Sonde passiert am 14.12.2003 in 870 km stumm den Mars
Mars Climate Orbiter (MCO), USA	11.12.1998	Durch Schlampereien und falsche Kursberechnungen verglüht Sonde in Marsatmosphäre
Mars Polar Lander (MPL), USA	3.1.1999	Sonde zerschellt auf der Marsoberfläche durch fehlendes Software-Update des Landesensors und zu früh abgestellte Bremstriebwerke
Mars Express, Europa	2.6.2003	Lander geht bei Landung verloren; nur Orbiter sendet Daten zur Erde

DIE AM BESTEN ERFORSCHTEN LEBEWESEN DER ERDE

Agrobacterium tumefaciens, ein Bodenbakterium
Aplysia, eine Meeresschnecke
Arabidopsis thaliana, die Pflanze Ackerschmalwand
Bacillus subtilis, ein Bakterium
Drosophila melanogaster, die Fruchtfliege
Escherischia coli, ein Darmbakterium
Gallus gallus, das Huhn
Mus musculus, die Hausmaus
Neurospora crassa, ein Schimmelpilz
Rattus norvegicus, die Wanderratte
Saccharomyces cerevisiae, der Hefepilz
Streptomyces coelicolor, ein Bakterium

PILZNAMEN ALS SCHIMPFWÖRTER

Unsere heimischen Pilze haben wundersame Namen – und viele von ihnen sind perfekte Alternativen zu den üblichen Schimpfwörtern:

Anisklumpfuß
Beißender Milchling
Bereifter Schleimkopf
Gemeiner Drüsling
Eierwulstling
Falscher Pfifferling
Gallenstacheling
Harziger Sägeblättling
Klebriger Hörnling
Küchenschwindling
Lästiger Ritterling
Narzissengelber Wulstling
Rotbrauner Korkstacheling
Satansröhrling
Semmelgelber Schleimkopf
Speitäubling
Stinktäubling
Strubbelkopfröhrling
Ziegenroter Schwefelkopf
Zitterzahn

GLÜCKSBOTEN

Fliegenpilz
Hufeisen
Kleeblatt
Marienkäfer
Mistel
Schwein

WHO IS WHO SPINNENNETZE

Spinnen bauen jeden Tag ein neues Spinnennetz, denn beim Fangen von Beute, durch Wind oder umherstreifende Tiere oder Menschen wird das zarte Gewebe leicht zerstört. Vor dem Neubau fressen Spinnen zunächst das alte Netz auf. Weil jede Spinnenart ein arttypisches Netz spinnt, kann man daran leicht die Art erkennen – auch ohne die Spinne selbst zu sehen.

Radnetz der *Garten-Kreuzspinne*
meist in geringer Höhe an Baumzweigen
oder im Gebüsch

Radnetz der *Sektorspinne*
meist an Häusern, Zäunen und dergleichen

Radnetz der *Dreieckspinne*
in Wäldern nur an Fichten

Wirres Netz der *Zitterspinne*
an Decken von Gebäuden, zumeist in
trockenen, geheizten Kellern

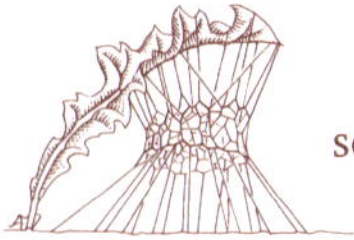

Haubennetz der *Kugelspinne* an
sonnigen, offenen Stellen an über die
Vegetation ragenden Kräutern

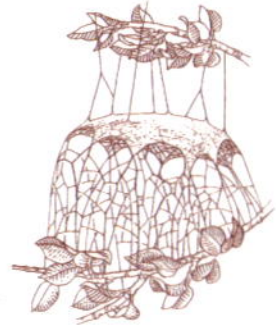

Gespinstteppich der *Baldachinspinne*
in Wäldern und an Wegrändern über
Sträuchern und niedrigen
Pflanzen gespannt, auch in Gärten

NATURWISSENSCHAFTLICHE DOKTOR-TITEL

Dr. agr. *(agriculturae)* .... Doktor der Agrarwissenschaften
Dr. biol. hom. *(biologiae hominis)* .... Doktor der Humanbiologie
Dr. forest. *(forestalium)* .... Doktor der Forstwissenschaft
Dr. habil. (*habilitatus*) . Doktor mit Lehrberechtigung an Hochschulen
Dr. h. c. *(honoris causa)* .... Ehrendoktor-Titel, kein akademischer Grad
Dr.-Ing. .... Doktor der Ingenieurwissenschaft
Dr. math. *(mathematicarum)* .... Doktor der Mathematik
Dr. med. *(medicinae)* .... Doktor der Medizin
Dr. med. dent. *(medicinae dentariae)* .... Doktor der Zahnmedizin
Dr. med. vet. *(medicinae veterinariae)* .... Doktor der Tiermedizin
Dr. nat. techn. *(naturalium technicarum)* ...... Doktor der Bodenkultur
Dr. pharm. *(pharmaciae)* .... Doktor der Pharmazie
Dr. rer. forest. *(rerum forestalium)* ..... Doktor der Forstwissenschaften
Dr. rer. hort.
(rerum horticulturarum) .... Doktor der Gartenbauwissenschaften
Dr. rer. mont. *(rerum montanarum)* .. Doktor der Bergbauwissenschaft
Dr. rer. nat. *(rerum naturalium)* ..... Doktor der Naturwissenschaften,
Dr. rer. physiol. *(rerum physiologicarum)* .. Doktor der Humanbiologie
Dr. rer. silv. *(rerum silvestrium)* .... Doktor der Forstwissenschaften
Dr. rer. techn. *(rerum technicarum)* .... Doktor der technischen Wissenschaften

AVES AVES · VOGEL

Apus apus .... Mauersegler
Bubo bubo .... Uhu
Ciconia ciconia .... Weißstorch
Grus grus .... Kranich
Milvus milvus .... Rotmilan
Oriolus oriolus .... Pirol
Perdix perdix .... Rebhuhn
Phoenicurus phoenicurus .... Gartenrotschwanz
Pica pica .... Elster
Pyrrhula pyrrhula .... Dompfaff, Gimpel
Riparia riparia .... Uferschwalbe
Serinus serinus .... Girlitz
Vanellus vanellus .... Kiebitz

SCHNELLTEST ROT-GRÜN-BLINDHEIT

HINTERGRUND
Rund 8 % der Männer und etwa 0,5 % der Frauen in Deutschland können Farben nicht richtig wahrnehmen. Die meisten davon sind rot-grün-blind.

SCHNELLTEST
Die „kupfernen", rötlichen 5-Cent-Münzen sollen nach der Farbigkeit aus einem mit „goldenen", gelblichen 20-Cent-Münzen gemischten Haufen sortiert werden. Wem dies leicht gelingt, ist farbennormalsichtig .

ERKLÄRUNG
Die im Spektrophotometer physikalisch messbaren Farbwerte der rötlichen 1-, 2- und 5-Cent-Münzen liegen so nah bei denen der gelblichen 10-, 20- und 50-Cent-Münzen, dass Rot-Grün-Blinden die Unterscheidung schwerfällt.

SIEBEN VON 28.270 ARTEN, DIE VOM AUSSTERBEN BEDROHT SIND

Abott-Tölpel *(Papasula abbotti)*
Dreifarben-Amsel *(Agelaius tricolor)*
Eisbär *(Ursus maritimus)*
Gemeiner Rochen *(Dipturis batis)*
Meerengel *(Squatina squatina)*
Seeadler *(Haliaeetus albicilla)*
Zwergflusspferd *(Hexaprotodon liberiensis)*

SEHEN UNTER WASSER

Brechungsindex von Wasser: 1,3
Brechungsindex von Luft: 1

FOLGE
Unter Wasser wirkt alles 30 % größer und 25 % näher als über Wasser.

JJ1 ODER BRUNO, DER BÄR

Anno 2006: Nach über 170 Jahren kam im Sommer 2006 wieder ein Braunbär nach Deutschland, leider zur falschen Zeit am falschen Ort.

5. MAI 2006:
Erster Bericht über die Sichtung eines Braunbären im Oberinntal bei Tösens.
10. MAI 2006:
Bruno reißt in Vorarlberg zwei Schafe.
11. MAI 2006:
Der Bär dringt in Vorarlberg durch zwei verschlossene Türen in einen Schafstall ein; ein österreichisches Expertenteam ist vor Ort.
17. MAI 2006:
Erste Sichtung des Bären nahe der deutschen Grenze im Tiroler Lechtal.
18. MAI 2006:
„Der Braunbär ist in Bayern willkommen." Bayerns Umweltminister Werner Schnappauf (CSU) auf einer Tagung der Internationalen Alpenschutzkommission.
19. MAI 2006:
Der Braunbär räumt zwei Kilometer vor der bayerischen Grenze eine Bienenhütte aus. Erste Fangpläne: Er soll mit einer speziellen Röhrenfalle aus dem Zoo Schönbrunn, Wien lebend gefangen werden. Weil der Bär kein bestimmtes Streifgebiet hat und bis dahin noch nie ein zweites Mal an einem Standort beobachtet wurde, gelingt dies nicht.
20. MAI 2006:
Der Bär reißt bei Garmisch-Partenkirchen drei Schafe.
21. MAI 2006:
Weitere vier Schafe werden vom Bär gerissen.
22. MAI 2006:
In Grainau tötet der Bär Geflügel und zwei weitere Schafe – in der Nähe von Wohnhäusern. „Der Bär ist zu einem Problembär geworden" (bayerisches Umweltministerium) und wird zum Abschuss freigegeben. Empörung bei den Menschen.
23. MAI 2006:
Im Landkreis Garmisch-Partenkirchen wird vor Spaziergängen gewarnt. „Der Papst hat mit der Aufnahme des Bären in sein Wappen das Heimatrecht des Bären in Bayern neu bekräftigt." (Münchner Ordinariatssprecher)
25. MAI 2006:
Eine zweite Röhrenfalle wird in den USA bestellt, um den Bären effektiver zu fangen.
27. MAI 2006:
Im Zillertal überfällt der Bär einen Bienenstock.
28. MAI 2006:
Bruno ist immer noch auf freien Füßen. Wenn er gefangen ist, soll der Bär im Wildpark Poing bei München untergebracht werden.
29. MAI 2006:
Durch eine Genanalyse wird Bruno eindeutig als JJ1, einen jungen, unerfahrenen Bären aus dem italienischen Trentino, identifiziert.

1. JUNI 2006:
Neue Pläne: Ein in der Betäubung von Wildtieren erfahrener Tierarzt will den Bären mit dem Narkosegewehr betäuben. Das gilt bei einem Bären als schwierig, weil der getroffene Bär sehr aggressiv wird.
4. JUNI 2006:
Drei Schafe fallen in Garmisch-Partenkirchen dem Bären zum Opfer, vier weitere verletzt.
5. JUNI 2006:
In Lautersee tötet JJ1 drei Schafe.
6. JUNI 2006:
In Tirol wird ein Kaninchenstall von dem Bären leer geräumt.
7. JUNI 2006:
Die zweite Röhrenfalle ist angekommen und wird mit einem Hubschrauber an ihren Standort transportiert. Bei einer Skihütte nahe Innsbruck wird JJ1 gesichtet.
9. JUNI 2006:
Ein Spaziergänger will beobachtet haben, wie der Bär einem Wildhasen den Kopf abbeißt.
10. JUNI 2006:
Bruno ist immer noch frei: Nun soll ein Spezialteam aus Finnland mit schwedischen Elchhunden den Bären stellen. Derweil überfällt der Bär bei Innsbruck einen Stall mit wehrlosen Kaninchen.
12. JUNI 2006:
Auf Grund des steilen, unwegsamen Geländes bricht häufig der Funkkontakt zwischen dem finnischen Team und den frei laufenden Hunden ab – und die Suche nach dem Bären stellt sich als schwieriger heraus als vermutet.
15. JUNI 2006:
Der Bär reißt bei Lenggries ein Schaf und erschreckt Bewohner der Berghütten. Danach stellt ein finnischer Elchhund den Bären – doch dieser kann entkommen.
17. JUNI 2006:
JJ1 ist in Kochel am See. Dort plündert er einen Kaninchenstall und einen Bienenstock. Wegen eines Platzregens kann der Bär entkommen.
20. JUNI 2006:
Das finnische Team erhält einen Polizeihubschrauber zur Unterstützung. JJ1 reißt in Kreuth, Oberbayern, Schafe und fällt über Bienenstöcke her.
22. JUNI 2006:
Der Bär reißt in der Gegend um Kufstein einen Schafswidder.
23. JUNI 2006:
Trotz Protesten erteilt die bayerische Landesregierung eine Abschussgenehmigung, die ab dem 27. Juni gelten soll.
25. JUNI 2006:
Das finnische Team reist unverrichteter Dinge ab, denn ihr Auftrag ist beendet. Tirol erteilt eine Abschussgenehmigung, die ab dem nächsten Tag gelten soll.
26. JUNI 2006:
Um 4.50 Uhr wird Bruno im bayerischen Landkreis Miesbach erschossen.

DANACH:
Der Bär soll im Schloss Nymphenburg ausgestellt werden – neben dem letzten Bär, der vor rund 170 Jahren in Bayern erlegt wurde.

BEKANNTE METEORITENKRATER

Bis heute wurden rund 170 Meteoritenkrater, so genannte Impaktkrater, auf der Erde entdeckt.

Impaktkrater	*Meteoriteneinschlag*	*Kraterdurchmesser*
Barringer-Krater, (Meteor Crater), Arizona	vor 50.000 Jahren	1,5 km, 170 m tief
Bosumtwi-Krater, Ghana	vor 1 Mio. Jahren	11 km
Chicxulub-Krater, Mexiko	vor 65 Mio. Jahren	180 km
Manicouagan-Krater, Kanada	vor 212 Mio. Jahren	72 km heute, einst 100 km
Nördlinger Ries, Deutschland	vor 14,8 Mio. Jahren	24 km, 100 m tief
Siljan-Krater, Schweden	vor 360 Mio. Jahren	50 km
Steinheimer Becken, Deutschland	vor 14,8 Mio. Jahren	3,8 km, 100 m tief
Sudbury-Krater, Kanada	vor 1,85 Mrd. Jahren	rund 250 km
Wilkesland-Krater, Antarktis	vor 250 Mio. Jahren	480 km, heute 1,5 km unter Eiskruste

TIERE IN DER WELTLITERATUR

Richard Adams .... Watership Down
Richard Bach .... Die Möwe Jonathan
Waldemar Bonsels .... Die Biene Maja und ihre Abenteuer
E.T.A. Hoffmann .... Lebens-Ansichten des Katers Murr
Hugh Lofting .... Dr. Dolittle und seine Tiere
Thomas Mann .... Herr und Hund
Yann Martel .... Schiffbruch mit Tiger
Herman Melville .... Moby Dick
Alan Alexander Milne .... Pu, der Bär
Felix Salten .... Bambi
Friedrich von Schiller .... Der Kampf mit dem Drachen

DIE SCHWERSTEN TIERMÄNNER

Tier	*Höchstgewicht*	*Maximallänge*
Blauwal	150 Tonnen	27 m
Pottwal	50 Tonnen	18m
Walhai	36 Tonnen	18 m
Buckelwal	30 Tonnen	13 m
Afrikanischer Elefant	6 Tonnen	7,5 m
Breitmaulnashorn	3,6 Tonnen	5 m
Flusspferd	3,2 Tonnen	4,5 m
Panzernashorn	2,2 Tonnen	4 m
Beluga (Weißwal)	1,5 Tonnen	5m
Spitzmaulnashorn	1,4 Tonnen	3,7 m
Teufelsrochen	1,4 Tonnen	6 m
Bison	1 Tonne	3,5 m
Leistenkrokodil	1 Tonne	6 m
Kaffernbüffel	900 kg	3 m
Braunbär	800 kg	2,5 m
Giraffe	800 kg	5,8 m
Hammerhai	600 kg	4,5 m

UNSERE PLANETEN

Seit 2006 gehört Pluto nicht mehr zu den Planeten, sondern zusammen mit Xena und Ceres zu den Kleinplaneten. Demnach besteht seitdem unser Sonnensystem aus acht Planeten und drei Kleinplaneten, und die alte Eselsbrücke „... unsere neun Planeten" gilt nicht mehr.

NEUER MERKSATZ
Mein **V**ater **er**klärt **m**ir **j**eden **S**onntag **u**nseren **N**achthimmel.

***Me**rkur* ***V**enus* ***E**rde* ***M**ars* ***J**upiter* ***S**aturn* ***U**ranus* ***N**eptun*

In dieser Reihenfolge kreisen die Planeten von innen nach außen um die Sonne, Merkur ist der sonnennächste Planet, Neptun der sonnenfernste.

Übrigens:
Die Anzahl der Planeten **acht** steckt auch im Wort N**acht**himmel.

BOTANISCHE UND GÄRTNERISCHE SYMBOLE

♂	männlich
♀	weiblich
⚥	zwittrig
⊙	einjährige Pflanze (Anuelle)
⊙	zweijährige Pflanze (Bienne)
♃	mehrjährige Pflanze (Staude)
♄	Halbstrauch
♄	Strauch
♄	Baum
☠	Giftpflanze
⇑	Kletterpflanze
⇓	Hängepflanze
⇝	Kriechpflanze
≈	Wasserpflanze
∼	Ufer- und Sumpfpflanze
△	Steingartenpflanze
◓	Polsterpflanze

Einfassung	⁞
Hybride	X
Propfbastard (Chimäre)	+
veredelt auf	/
Monate Jan. – bis Dez.	I–XII
sonniger Standort	○
halbschattiger Standort	◐
schattiger Standort	●
Topfpflanze	▽
Gewächshaus	⌂
Kasten	▱
Winterschutz	⌃
Fruchtschmuck	ஃ
Schnitt für die Vase	✂
rauchhart	⚒
Durchmesser	∅

DIE SIEBEN WELTMEERE

Atlantischer Ozean
Indischer Ozean
Pazifischer Ozean
Amerikanisches Mittelmeer (Karibik und Golf von Mexiko)
Arktisches Mittelmeer (Nordpolarmeer)
Australasiatisches Mittelmeer
Europäisches Mittelmeer

NACH RUDYARD KIPLING, IN „THE SEVEN SEAS“(1896)

Nördliches Eismeer
Südliches Eismeer
Nordatlantik
Südatlantik
Nordpazifik
Südpazifik
Indischer Ozean

IM ALTEN GRIECHENLAND

Adria
Arabisches Meer
Kaspisches Meer
Schwarzes Meer
Europäisches Mittelmeer
Persischer Golf
Rotes Meer

TÖDLICH UND WENIGER GIFTIGE TIERE IM RIFF

Seewespe, eine Würfelqualle	Stachelrochen
Portugiesische Galeere, eine Qualle	Steinfisch
Kegelschnecken	Rotfeuerfisch
Plattschwanz-Seeschlange	Skorpionsfisch
Blauring-Krake	Kofferfisch
Dornenkrone, ein Seestern	Kugelfisch

MASSNAHMEN NACH EINER VERGIFTUNG MIT QUALLEN

1. Reste der Nesseln sorgfältig mit Pinzette entfernen und betroffene Hautstellen vorsichtig abtrocknen
2. Antihistaminsalbe auftragen oder Antihistamintabellen einnehmen
3. zum Arzt gehen

MASSNAHMEN NACH EINER VERGIFTUNG MIT GIFTIGEN FISCHEN

1. Wunde sofort mit Meerwasser spülen und Stacheln oder Fischreste entfernen
2. betroffene Gliedmaßen mindestens 30 min. lang in möglichst heißes Wasserbad legen
3. Zum Arzt gehen, Heißwasserbehandlung auf dem Transport fortsetzen, nicht einschneiden oder abbinden

ALLES GOLD WAS GLÄNZT

Gold=Edelmetall
chemisches Zeichen: Au (von Aurum)
Dichte: 19.300 kg/m³
Gewicht einer Unze: 31,1034 g

Blattgold	hauchdünn ausgeschlagenes Gold
Gelbgold	Legierung aus Gold und Silber mit Kupferzusatz
Grüngold	Legierung aus Gold und Silber im Verhältnis 1:1
Rotgold	Legierung aus Gold und Kupfer, gegebenenfalls mit Spuren von Silber
Weißgold	Legierung aus Gold und Nickel oder Palladium

333	enthält	33,3 %	reines Gold	8 Karat
585	enthält	58,5 %	reines Gold	14 Karat
750	enthält	75,0 %	reines Gold	18 Karat
999	enthält	99,9 %	reines Gold	24 Karat

LEITFISCHARTEN FÜR FLIESSGEWÄSSER

DIE FORELLENREGION

Leitart: Bachforelle
Begleitfische: Groppe, Elritze, Bachschmerle, Bachneunauge
Wo: Quellbäche
Lebensbedingungen: sehr schnell, sauerstoffreich, klar, kalt

DIE ÄSCHENREGION

Leitart: Äsche
Begleitfische: Gründling, Strömer, Nase, Huchen, Schneider, Döbel sowie Bachforelle, Groppe, Elritze, Bachschmerle, Bachneunauge
Wandernde Arten: Lachse, Meerforelle, Flussneunauge zum Laichen
Wo: Bäche und kleinere Flüsse mit Kiesbänken und flachen Bereichen
Lebensbedingungen: etwas langsamer fließend als in Quellbächen, stets sauerstoffgesättigt, klar, Temperaturen nie über 15 °C

DIE BARBENREGION

Fachbegriff: Epipotamal
Leitart: Barbe
Begleitfische: Hasel, Rapfen, Aland, Nase, Döbel, Flussbarsch, Zander, Schrätzer, Zingel, Streber
Wo: Mittelteil größerer Flüsse, die tiefer, ruhiger und wärmer sind
Lebensbedingungen: zügig fließend, zumeist gute Sauerstoffverhältnisse, leichte Gewässertrübung, Temperaturen bis 18 °C

DIE BRACHSEN- ODER BLEIREGION

Leitart: Brachsen
Begleitfische: Aal, Flussbarsch, Güster, Hecht, Karausche, Karpfen, Quappe, Rotfeder, Rotauge, Zander, Schleie, Wels und andere;
Wo: Unterlauf der Flüsse mit tiefer Stromrinne
Lebensbedingungen: langsam fließend, nur an der Oberfläche sauerstoffgesättigt, Temperaturen bis zu 25 °C

DIE KAULBARSCH-FLUNDER-REGION

Leitart: Kaulbarsch, Flunder
Begleitfische: Dreistacheliger Stichling, Stint, Zährte
Wo: Mündungsbereich der Flüsse ins Meer
Lebensbedingungen: Brackwasser, Änderung der Strömungsverhältnisse mit den Gezeiten, kaum noch fließend, schwankender Salzgehalt, sauerstoffarm, stark trüb und nährstoffreich, meist warm

DER IG-NOBELPREIS 2006

Der Ig-Nobelpreis (ig = ignoble, unwürdig) wird in den USA seit 1991 jährlich in zehn Kategorien vom Magazin „Annals of improbable research“ (Annalen der unwahrscheinlichen Forschung) der Harvard-Universität verliehen.
Preisverleihung am Donnerstag, den 5. Oktober 2006 im Sanders Theater der Harvard Universität, Cambridge.

AKUSTIKPREIS 2006
Preisträger: D. Lynn Halpern, Harvard Vanguard Medical Associates, Randolph Blake, Vanderbilt Universität, und James Hillenbrand, Universität von Western Michigan
Psychoakustische Studie zum Thema, warum Menschen das Geräusch von Fingernägeln hassen, die über eine Tafel kratzen?

BIOLOGIEPREIS 2006
Preisträger: Bart Knols und Ruurd de Jong, beide Landwirtschaftsuniversität in Wageningen
Studie zum Thema, dass die weiblichen Moskitofliegen der Gattung Anopheles gleichermaßen vom Geruch eines Limburger Käse angezogen werden wie von dem menschlicher Füße.

ERNÄHRUNGSPREIS 2006
Preisträger: Wasmia Al-Houty, Universität von Kuwait, und Faten Al-Mussalam, Kuwait Environment Public Authority
Feldstudien zum Thema, dass Dungkäfer äußerst wählerisch in Bezug auf ihre Nahrung sind.

MATHEMATIKPREIS 2006
Preisträger: Nic Svenson und Piers Barnes, Commonwealth Scientific and Research Organization Australien
Kalkulationsstudie zum Thema, wie viele Fotoaufnahmen von einer Gruppe Menschen geschossen werden müssen, um sicherzustellen, dass keiner die Augen geschlossen hat.

PHYSIKPREIS 2006
Preisträger: Basile Audoly und Sebastien Neukirch, beide Universität von Paris
Studie zum Thema, warum trockene Spaghetti beim Biegen in oft mehr als zwei Teile brechen.

DIE ZWÖLF TIERKREISZEICHEN

Tierkreis-zeichen	*Symbol*	*Zeitraum**	*Richtung*	*Krafttier*	*Kraftpflanze*	*Kraftstein*	*Farbe*	*Klan*	*Element*
Widder *(Aries)*	♈	21.3. – 20.4.	Nordost	Roter Habicht	Löwenzahn	Feueropal	gelb	Donnervogel	Feuer
Stier *(Taurus)*	♉	21.4. – 20.5.	Ost	Biber	Blaue Camasspflanze	Chrysokoll	blau	Schildkröte	Erde
Zwillinge *(Gemini)*	♊	21.5. – 20.6.	Südost	Hirsch	Schafgarbe	Moosachat	weiß-grün	Schmetterling	Luft
Krebs *(Cancer)*	♋	21.6. – 22.7.	Südost	Specht	Heckenrose	Karneol	rosa	Frosch	Wasser
Löwe *(Leo)*	♌	23.7. – 22.8.	Süd	Stör	Himbeere	Granat, Eisen	rot	Donnervogel	Feuer
Jungfrau *(Virgo)*	♍	23.8. – 22.9.	Südwest	Braunbär	Veilchen	Amethyst	purpur	Schildkröte	Erde
Waage *(Libra)*	♎	23.9. – 23.10.	Südwest	Rabe	Königskerze	Jaspis	braun	Schmetterling	Luft
Skorpion *(Scorpio)*	♏	24.10. – 21.11.	West	Schlange	Distel	Kupfer, Malachit	orange	Frosch	Wasser
Schütze *(Sagittarius)*	♐	22.11. – 21.12.	Nordwest	Elch	Schwarzfichte	Obsidian	schwarz	Donnervogel	Feuer
Steinbock *(Capricornus)*	♑	22.12. – 19.1.	Nordwest	Schneegans	Birke	Quarz	weiß	Schildkröte	Erde
Wassermann *(Aquarius)*	♒	20.1. – 18.2.	Nord	Otter	Zitterpappel	Silber	silber	Schmetterling	Luft
Fische *(Pisces)*	♓	19.2. – 20.3.	Nordost	Puma	Wegerich	Türkis	blaugrün	Frosch	Wasser

*In der Astrologie wird nicht der heutige Stand der Sonne im Tierkreis berücksichtigt, sondern der vor 2.000 Jahren.

DIE FLEDERMÄUSE DEUTSCHLANDS

Kleine Hufeisennase
Große Hufeisennase
Wasserfledermaus
Teichfledermaus
Große Bartfledermaus
Kleine Bartfledermaus
Wimperfledermaus
Fransenfledermaus
Bechsteinfledermaus
Großes Mausohr
Großer Abendsegler
Kleiner Abendsegler
Breitflügelfledermaus
Nordfledermaus
Zweifarbfledermaus
Zwergfledermaus
Braunes Langohr
Graues Langohr
Mopsfledermaus

HELLIGKEITEN

Optimale Helligkeit für das menschliche Auge	10.000 Lux
Pflanzen leiden an Lichtmangel	unter 300 Lux

BELEUCHTUNGSSTÄRKEN DRAUSSEN

wolkenloser Hochsommertag in der Sonne	bis zu 100.000 Lux meist um 50.000 Lux
trüber Sonnentag	bis zu 20.000 Lux
wolkenloser Hochsommertag im Schatten	6.000 Lux
trüber Wintertag	3.000 Lux
Höhepunkt der Sonnenfinsternis am 11. August 1999	1,9 Lux
Nacht bei Vollmond	0,25 Lux
Nacht bei Neumond	0,01 Lux

BELEUCHTUNGSSTÄRKEN IM ZIMMER AN EINEM WOLKENLOSEN HOCHSOMMERTAG

auf der Fensterbank, ohne Gardine	bis zu 20.000 Lux
auf der Fensterbank, mit Gardine	bis zu 5.000 Lux
1 m vom Fenster entfernt	2.500 Lux
4 m vom Fenster entfernt	155 Lux

NOTWENDIGE ARBEITSPLATZBELEUCHTUNG BEI

groben Arbeiten	50–100 Lux
mittelfeinen Arbeiten	100–300 Lux
sehr feinen Arbeiten	1.000–3.000 Lux

LAWINENGEFAHRENSKALA FÜR DIE ALPEN

Gefahrenstufe	*Stabilität der Schneedecke*	*Wahrscheinlichkeit für das Auslösen einer Lawine*	*Empfehlungen*
1 gering	stabil, gut verfestigt	nur bei großer Zusatzbelastung (z. B. Pistenfahrzeug) an extremen Steilhängen möglich; kleine, spontane Rutsche sind möglich	keine Gefährdung, sichere Verhältnisse
2 mäßig	nur an einigen Steilhängen mäßig verfestigt, sonst gut verfestigt	bei großer Zusatzbelastung an Steilhängen möglich, jedoch keine größeren Lawinen	kaum Gefährdung durch spontane Lawinen, dennoch Steilhänge in Höhenlagen meiden
3 erheblich	an vielen Steilhängen nur mäßig bis schwach verfestigt	bereits bei geringer Zusatzbelastung (z. B. einzelner Skifahrer) an Steilhängen möglich mit spontanen Abgängen von Lawinen	exponierte Bereiche gefährdet, ungünstige Verhältnisse; Steilhänge möglichst meiden
4 groß	an den meisten Steilhängen schwach verfestigt	bereits bei geringer Zusatzbelastung (z.B. einzelner Skifahrer) Abgänge wahrscheinlich; mittlere bis große Lawinen sind zu erwarten	die meisten exponierten Bereiche gefährdet; ungünstige Verhältnisse; in mäßig steilem Gelände Auslaufbereiche von Lawinen

DIE TOP SEVEN UNTER DEN BRUTVÖGELN IN DEUTSCHLAND

1. Amsel	16 Millionen Brutpaare
2. Buchfink	12 Millionen Brutpaare
3. Haussperling	10 Millionen Brutpaare
4. Kohlmeise	7 Millionen Brutpaare
5. Blaumeise, Rotkehlchen Star, Zilpzalp	4 Millionen Brutpaare
6. Feldlerche, Grünling Mönchsgrasmücke	3 Millionen Brutpaare
7. Feldsperling, Fitis, Zaunkönig Heckenbraunelle, Singdrossel, Tannenmeise	2 Millionen Brutpaare

BASIC-FUTTERMITTEL FÜR VÖGEL

Den heimischen Vögeln wird von September bis Anfang Juni, besser das ganze Jahr über, dieses Futter als Zufütterung angeboten:

1. **Streufutter** aus Sonnenblumenkernen, Erdnüssen, Hanf, etwas Getreide und kleinere Sämereien wie Distel- oder Salatsamen und Mohn – in Vogelhaus oder speziellem Spender anbieten.
2. **Fettfutter** aus Rindertalg mit Haferflocken, Weizenkleie, gehackten Nüssen, Sonnenblumenkernen, Hanf, Rosinen und evtl. auch Ameiseneiern aus dem Fachhandel – in eine halbe Kokosnussschale, auf getrocknete Zapfen oder auf die Rinde von Bäumen streichen.
3. **Hängefutter** aus Meisenknödel, Meisenringe oder geschälte Erdnüsse im Säckchen aufhängen.
4. **Snack:** Apfelviertel und Rosinen anbieten.

ISS-WELTRAUMTOURISTEN

Dennis Tito	US-Amerikaner, Abflug am 28. April 2001
Mark Shuttleworth	Südafrikaner, Abflug am 25. April 2002
Gregory Olsen	US-Amerikaner, Abflug am 1. Oktober 2005
Anousheh Ansari	Iranerin, US-Amerikanerin, Abflug am 18. September 2006

ESELSBRÜCKEN – PONS ASINORUM

ELEFANTEN
Afrik*a*nische Elefanten haben l*a*nge Ohren.
*I*nd*i*sche Elefanten haben w*i*nz*i*ge Ohren.

STROM
Volt mal Ampere ergibt in Watt
was der Strom geleistet hat.

GRANIT
Feldspat, Quarz und Glimmer
hat der Granit immer.

HANDWURZELKNOCHEN
Ein *Kähn*chen fuhr im *Mond*enschein ums *Dreieck*- und ums *Erbsen*bein; *Vieleck groß*, *Vieleck klein*, ein *Kopf*, der muss am *Haken* sein.

(*Kahn*bein, *Mond*bein, *Dreieck*bein, *Erbsen*bein, *großes* und *kleines Vieleck*, *Kopf*bein, *Haken*bein)

KONKAV – KONVEX
Hältst du den Löffel konkav,
bleibt die Suppe brav.
Hältst du den Löffel konvex,
macht die Suppe Klecks.
Oder: Aus konkaven Linsen kann ein jeder trinken;
doch der Bauch vom Rex, der ist konvex.

KUGELVOLUMEN
Innen hat die Kugelei
drei Viertel Pi mal r hoch drei.

LUV – LEE
L*u*v – die dem Wind *zu*gekehrte Seite
L*ee* – *weg* vom Wind, die dem Wind abgekehrte Seite

MAGNETPOLE
R*o*t wie N*o*rd, gr*ü*n wie S*ü*d

MOND
*a*bnehmender Mond – Sichel nach links gebogen wie Rundung im kleinen *a*
*z*unehmender Mond – Sichel nach rechts gebogen wie Rundung im kleinen *z* der Frakturschrift

NEBENFLÜSSE DER DONAU
Isar, Iller, Lech und Inn fließen
rechts zur Donau hin.
Altmühl, Naab und Regen
kommen ihr von links entgegen.

OSTFRIESISCHE INSELN
*W*elcher *S*eemann *l*iegt *b*ei *N*acht im *B*ett?
(*W*angerooge, *S*piekeroog, *L*angeoog, *B*altrum, *N*orderney, *J*uist, *B*orkum)

REIHENFOLGE DER HIMMELSRICHTUNGEN IM UHRZEIGERSINN
*N*ie *o*hne *S*eife *w*aschen!
(*N*ord *O*st *S*üd *W*est)

SÄURE – BASE/LAUGE
Lackmuspapier färbt sich bei Säuren *r*ot und bei L*au*gen bl*au*.

SOMMERZEIT
Im *Frühjahr* holt man die Kübelpflanzen aus dem Winterlager her*vor*. – Uhr wird *vor*gestellt
Im *Herbst* stellt man sie *zurück*. – Uhr wird *zurück*gestellt

STEUERBORD – BACKBORD
Steue*r*bord – *r*echte Schiffsseite, grünes Positionslicht
Bac*k*bord – lin*k*e Schiffsseite, rotes Positionslicht

SYSTEMATIK
Klasse – Ordnung – Familie – Gattung - Art
Klasse Ordnung herrscht in der Familie, wenn der Gatte artig ist.
Oder:
KOFGA

TROPFSTEINE
Stala*g*miten stehen auf dem Unter*g*rund.
Stala*k*titen hängen von der Dec*k*e.

TEEKESSELCHEN (1)

Teekesselchen ist ein uraltes Gesellschaftsspiel.

steht für...	*Teekesselchen*	*steht für...*
Greifvogel	Adler	Wappentier
Weltall, Kosmos	All	leer
Gehörknöchelchen	Amboss	Werkzeug des Schmieds
Schwanz des Bibers	Biberschwanz	Dachziegel
Frucht	Birne	umgangssprachlich Kopf
... eines Baumes	Blatt	Papier
Blüte einer Pflanze	Blume	Hasenschwanz
Blüte einer Pflanze	Blume	Wohlgeruch
Frucht der Eiche	Eichel	Penisspitze
Vogel	Ente	Falschmeldung
Vogel	Ente	französisches Auto
„Haare" eines Vogels	Feder	Bestandteil des Uhrwerks
„Arm" eines Vogels	Flügel	Musikinstrument
Lurch	Frosch	... im Hals
Gehörknöchelchen	Hammer	Werkzeug
Fuß eines Hasen	Hasenfuß	überängstlicher Mensch
Insekt	Käfer	Kleinwagen mit Kultcharakter
Vogel	Kiwi	Frucht

JÄHRLICHE TODESOPFER DURCH INFEKTIONSKRANKHEITEN, PARASITEN, PFLANZEN, TIERE UND WASSER

Tabak (Rauchen)	rund 5,4 Millionen
HIV / AIDS	rund 3,1 Millionen
Tuberkulose (TBC)	rund 2 Millionen
Malaria	rund 2 Millionen
Masern	rund 1 Million
Wasser (Ertrinken)	rund 410.000
Tetanus	rund 300.000
Meningitis	rund 200.000
Schlangenbisse	rund 40.000
Dengue-Fieber	rund 20.000
Hakenwurm	rund 3.000
SARS-Virus	rund 1.000
Kokosnüsse, herabfallend	rund 150
Flusspferde	rund 50
Vogelgrippe	rund 30
Haiunfälle	rund 10

HAMBURGER FORSYTHIEN-KALENDER

In Hamburg wird jedes Jahr aufgezeichnet, wann die Knospen der gelben Forsythienblüten aufbrechen – und der Frühling beginnt. 1945 entdeckte Carl Wendorf die blühenden Forsythiensträucher an der Lombardsbrücke, die über die Alster führt. Er schrieb den Tag auf, an dem die Blütenknospen aufbrachen: den 26. März 1945. Nach seinem Tod im Jahr 1984 führt sein Freund Jens Iska-Holtz den Kalender weiter.

FAZIT AUS DEN LANGJÄHRIGEN BEOBACHTUNGEN

frühester Frühling	15. Februar 2002
spätester Frühling	24. April 1970
Mittelwert der Forsythienblüte (1945–2006)	26. März

Der Frühling beginnt immer früher – derzeit sind es rund zwei Wochen früher als zu Beginn der Beobachtungen vor über 60 Jahren. Außer in den Jahren 1996, 2001 und 2006 lag der Blühbeginn der Forsythie seit dem Jahr 1988 stets deutlich vor dem 26. März.

EIEIEIEIEI…

WELTWEIT GIBT ES
etwa 3,5 Milliarden Hühner

EIN HUHN LEGT PRO JAHR:
250–300 Eier

LÄNGSTER FLUG EINES HUHNS:
13 Sekunden

GEFÄHRDETE HÜHNERRASSEN:
Augsburger Huhn
Bergischer Kräher
Bergische Schlotterklemme
Deutsche Sperber
Deutsches Lachshuhn
Ostfriesische Möwe
Ramelsloher
Sachsenhühner

GÜTEKLASSEN:
Klasse A (frisch) – im Handel
Klasse A extrafrisch – bis zum 7. Tag nach dem Verpacken, bzw. dem 9. Tag nach dem Legen
Klasse B – nicht für den Konsum, sondern für Nahrungsmittelindustrie bestimmt; auch ab dem 22. Tag nach dem Legen

GEWICHTSKLASSEN:

S (klein)	unter 53 g
M (mittel)	53–63 g
L (groß)	63–73 g
XL (extra groß)	über 73 g

EIERKENNZEICHNUNG
KLASSE A
0 – DE 9876543

ENTSPRICHT:

0	Art der Haltung
DE	Herkunftsland
98	Bundesland
7	Regierungsbezirk
654	Betriebsnummer
3	Stallnummer

ART DER HALTUNG:
1. ökologische Erzeugung (täglich draußen)
2. Freilandhaltung (pro Henne mindestens 4 m^2 Auslauffläche an mindestens 6 Stunden pro Tag)
3. Bodenhaltung (max. 7 Hennen pro m^2 Bodenfläche)
4. Käfighaltung (mindestens 550/690 cm^2 pro Henne im Käfig; ab 2009 mindestens 800 cm^2; ab 2012 in Deutschland verboten)

HERKUNFTSLAND:
AT > Österreich
BE > Belgien
CZ > Tschechien
CY > Zypern
DE > Deutschland
DK > Dänemark
EE > Estland
ES > Spanien
FI > Finnland
FR > Frankreich
GR > Griechenland
HU > Ungarn
IE > Irland
IT > Italien
LT > Litauen
LU > Luxemburg
LV > Lettland
MT > Malta
NL > Niederlande
PL > Polen
PT > Portugal
SE > Schweden
SK > Slowakei
SL > Slowenien
UK > Großbritannien

BUNDESLAND:
01 > Schleswig-Holstein
02 > Hamburg
03 > Niedersachsen
04 > Bremen
05 > Nordrhein-Westfalen
06 > Hessen
07 > Rheinland-Pfalz
08 > Baden-Württemberg
09 > Bayern
10 > Saarland
11 > Berlin
12 > Brandenburg
13 > Mecklenburg-Vorpommern
14 > Sachsen
15 > Sachsen-Anhalt
16 > Thüringen

BEGRIFFE AUS DER BERGMANNSSPRACHE

abteufen	Bau einer Grube von oben nach unten
Alter Mann	stillgelegter Stollen
Arschleder	Schutzbekleidung eines Bergmanns
Atzel	tragbare Toilette unter Tage
Bewetterung	Versorgung einer Grube mit Atemluft
Blindschacht	Schacht ohne Verbindung nach über Tage
farblos werden	Tod eines Bergmanns bei Unglück unter Tage
Flöz	abbauwürdige Gesteinsschicht, etwa Kohle, Erze, Salz, etc.
frische Wetter	frische Luft
Geleucht	mitgeführte Lampe, etwa Frosch oder Kopflampe
Gezähe	Bergmannswerkzeug allgemein
Glück auf!	Bergmannsgruß
Hauer	ausgebildeter Bergmann
Haufwerk	aus dem Berg herausgelöstes Gestein oder Erz
Hunt	offener Förderwagen
Kaue	Dusche, Umkleideraum im Gebäude über dem Schacht
Luttenfurz	kleiner Bergmann (Erzgebirge, veraltet)
matte Wetter	sauerstoffarme Luft
Mundloch	Ein- und Ausgang eines Stollens über Tage
Ortsbrust	Wand eines Grubenbaues in Auffahrrichtung
Revier	größeres Abbaugebiet; auch Name für das Ruhrgebiet
Rösche	Entwässerungsrinne
Rutschenbär	Vorarbeiter unter Tage (Ruhrgebiet, veraltet)
Sargdeckel	große Gesteinsplatte, die herunterzubrechen droht
schießen	sprengen unter Tage
Schlägel und Eisen	bekannte Bergwerkzeuge; Symbol des Bergbaues
schlagende Wetter	explosive, methanreiche Luft
Steiger	Bergingenieur, Aufsichtsperson unter Tage
Stollen	Grubenbau mit Verbindung nach über Tage
Tretwerk	auf der Stollensohle verlegte Bohlen und Querhölzer
über Tage	oberirdisch
unter Tage	unterirdisch
Wetter	frische Luft, Atemluft unter Tage
Zeche	Bergwerk oder Grube

BERUFE IN DER HEIMISCHEN INSEKTENWELT

Buchdrucker	eine Käferart
Holzbohrer	eine Schmetterlingsfamilie
Klosterfrau	eine Eulenart (Nachtfalter)
Kräuterdieb	eine Käferart
Kupferstecher	eine Käferart
Laternenträger	eine Zikadenart
Mauerspinnentöter	eine Grabwespenart
Mönch	eine Eulenart (Nachtfalter)
Nonne	eine Spinnerart
Pillendreher	eine Käferart
Puppenräuber	eine Laufkäferart
Sackträger	eine Schmetterlingsfamilie
Saumspanner	eine Schmetterlingsart
Schlammschwimmer	eine Wasserkäferart
Schneckenjäger	eine Käferart
Schornsteinfeger	eine Edelfalterart
Totengräber	eine Käferart
Wadenstecher	eine Fliegenart
Waldportier	eine Edelfalterart
Warzenbeißer	eine Heuschreckenart
Wasserläufer	eine Wanzenart
Wurzelbohrer	eine Schmetterlingsfamilie
Zigarrenwickler	eine Käferart

AUFBAU EINES KOMETEN

Name	*besteht aus*	*Größe*
Kometenkopf bestehend aus		
1. Kometenkern	„schmutziger Schneeball“ aus Eis und Staub	bis zu 10 km
2. Kometenkoma	Gashülle, entsteht in Sonnennähe	10.000–100.000 km lang
Kometenschweif	Gasmoleküle und Staubpartikel, werden vom Sonnenwind von der Sonne fortgetrieben	30–300 Millionen km lang

DIE HAIARTEN, DIE TAUCHER AM HÄUFIGSTEN AUF DEN MALEDIVEN BEOBACHTEN

1 .... Der Graue Riffhai
Name auf den Malediven: *Thila miyaru*
2 .... Der Weißspitzen-Riffhai
Name auf den Malediven: *Faana miyaru*
3 .... Der Ammenhai
Name auf den Malediven: *Nidhan miyaru*
4 .... Der Silberspitzenhai
Name auf den Malediven: *Kattafulhi miyaru*
5 .... Der Walhai
Name auf den Malediven: *Ainumathi miyaru*

DAS SCHWEIN IN EUROPA

Dänisch .... svin
Englisch .... pig, pork, hog
Esperanto .... porko
Finnisch .... sika
Französisch .... porc, cochon
Holländisch ...... varken
Italienisch .... porco
Polnisch .... winia
Portugiesisch ..... porco
Rumänisch .... porc
Schwedisch .... svin
Serbokroatisch ... svinja
Spanisch .... cerdo
Tschechisch ...... prase
Türkisch .... domuz
Ungarisch .... diszn

DIE HIMMELSRICHTUNG ERMITTELN

Man braucht dazu: Eine Armbanduhr mit einem analogen Zifferblatt

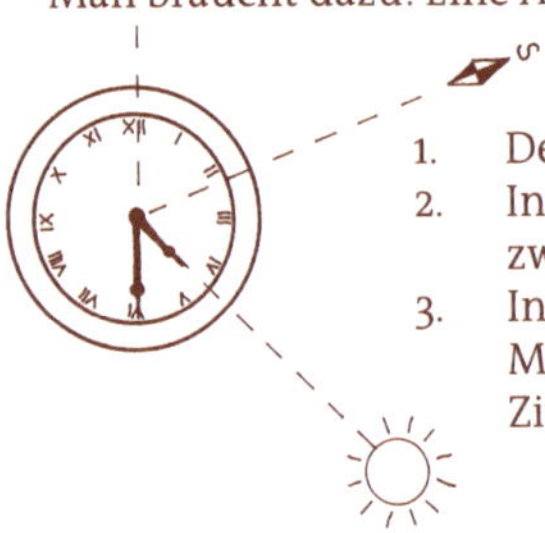

1. Den Stundenzeiger auf die Sonne richten
2. In der Winterzeit (MEZ) liegt Süden in der Mitte zwischen dem Stundenzeiger und der Ziffer 12
3. In der Sommerzeit (MESZ) liegt Süden in der Mitte zwischen dem Stundenzeiger und der Ziffer 1

DIE ACHT HIMMELSRICHTUNGEN

Die acht Himmelsrichtungen werden in verschiedenen Kulturkreisen mit bestimmten Symbolen verbunden.

Norden
Winter; Nacht, Dunkelheit, Kälte; Tod; Greisenalter; der innere Erwachsene; das Mentale; Wind

Nordwesten
Lebensmuster

Nordosten
Chaos

Westen
Herbst; Abend, Reife des Lebens, untergehende Sonne; mittleres Lebensalter; der physische Körper; Erde

Osten
Frühling; Morgendämmerung, Morgenfrische, erwachendes Leben, aufgehende Sonne; Kindheit und Jugend; das Spirituelle Feuer

Südwesten
Traum

Südosten
Ahnen

Süden
Sommer; Mittag, Wärme; Jugend; das innere Kind; die Gefühle; Wasser

„BIG FIVE" AUF KISUAHELI

Elefant *Tembo*
Löwe *Simba*
Breitmaulnashorn *Faru*
Spitzmaulnashorn *Faru*
Kaffernbüffel *Mbogo*

KAVIAR

Kaviarsorte	*Herkunft der Eier*	*Aussehen*	*Qualität*	*Deckelfarbe*
Beluga	vom Beluga-Stör (Hausen, *Huso huso*)	besonders dünnschalige Eier, ø 3,5 mm, stahlgrau bis silbergrau	der feinste, wertvollste und begehrteste Kaviar; sehr mild	blau
Ossietra, Osietra, Ossetra, Ossiort	vom Ossietra-Stör (*Acipenser gueldenstaedtii*)	hartschalige Eier, ø 2 mm, silbergrau bis schwarz	weniger wertvoll; mit nussartigem Geschmack	gelb
Handelsselektion: Royal Black Kaviar	vom jungen Ossietra-Stör	tiefschwarz	ausgelesene Qualität für Liebhaber	
Handelsselektion: Imperial Kaviar	vom Ossietra-Karaburun	hellgoldbraun schimmernde Eier	der edelste und seltenste Kaviar	
Sevruga	vom Sevruga-Stör (*Acipenser stellatus*)	sehr dünnschalige Eier, ø 2 mm, hellgrau bis dunkelgrau	der preiswerteste Kaviar; kräftig-würzig	rot oder orange
Almas Kaviar	vom Albino-Stör	elfenbeinfarben	selten und rar; jährlich nur 20–30 kg im Handel	
Zuchtkaviar	von in Zuchtbecken gehaltenen Störarten, meist vom Sibirischen Stör (*Acipenser baerii*)	je nach Störart unterschiedlich	in der Konsistenz und dem Geschmack mit Kaviar von wildem Stör vergleichbar	
Kaviarersatz oder falscher Kaviar	meist von Forelle, Kabeljau, Seehase oder Hering	je nach Fischart unterschiedlich	eigene Qualität mit eigenem Geschmack, teils Spezialitäten	

Übrigens: Echter Kaviar ist gereinigter und mild gesalzener Rogen (Eier) weiblicher Störarten. Kaviar sollte nicht mit Silber- oder Edelstahlbesteck in Berührung kommen, das verdirbt den Geschmack. Spezielles Kaviarbesteck besteht aus Horn, Schildpatt, Perlmutt oder Gold.

WILLIAM BEEBE ÜBER DAS FAULTIER

William Beebe, amerikanischer Zoologe, Natur- und Tiefseeforscher (1877–1962) stufte die Sinnesleistungen des Faultiers auf einer Skala von zwei (außerordentliche Dumpfheit) bis zehn (extreme Wachheit) ein:

Tastsinn 2
Geschmackssinn 2
Gesichtssinn 2
Gehörsinn 3

ANDERE STIMMEN ÜBER DAS FAULTIER
Seit seiner Entdeckung im 16. Jahrhundert: „Es ist träge, hässlich und ein wertloses, unvollkommenes Geschöpf."
Hermann Tirler, Autor von „Tagebuch eines Faultiers" schreibt 1965: „Stets hat es ein gemütliches Lächeln auf den Lippen."
Ein unbekannter Autor schreibt 1555: „...eine solche Wundergestalt erforschen zu wollen ginge doch zu weit, denn nur der Schöpfer selbst wisse, warum er das Faultier so und nicht anders erschaffen habe."

HEIMISCHE WANDERFISCHE

Atlantischer Stör, Finte, Flussneunauge, Lachs, Maifisch, Meerneunauge, Schnäpel	leben im Meer, laichen im Süßwasser
Aal, Flunder	leben im Süßwasser, laichen im Meer

NACH BERÜHMTEN FÜHRUNGS-PERSÖNLICHKEITEN BENANNTE TIERE

Mammuthus jeffersonii	Mammut, ausgestorben
Mandelia microcornata	Meeres-Nacktschnecke
Paroxyna cleopatra	Fruchtfliege
Parides montezuma	Ritterfalter
Sequoia sempervirens	Zypresse
Victoria amazonica	größte Seerose der Erde
Washingtonia filifera	Palme

ERDBEBENSTÄRKEN

EMS-98 Intensität (Europäische makroseismische Skala)	*Magnitudenskala nach Richter*	*Wirkung*
I	M 0	nicht fühlbar
II	M 1	kaum bemerkbar; nur vereinzelt von ruhenden Personen
III	M 2	schwach; ruhende Personen spüren ein leichtes Schwingen
IV	M 3–4	deutlich; Geschirr und Fenster klirren
V	M 5	stark; Schlafende wachen auf, hängende Gegenstände pendeln heftig, Türen und Fenster schlagen auf und zu
VI	M 5,3–5,9	leichte Gebäudeschäden; Personen erschrecken und flüchten ins Freie, Mauerrisse und Verputzteile fallen an Gebäuden ab
VII	M 6,0–6,9	Gebäudeschäden; Möbel werden verschoben, Gegenstände fallen aus den Regalen
VIII	M 7,0–7,3	schwere Gebäudeschäden; Personen verlieren das Gleichgewicht, Giebelteile und Dachsimse stürzen ein
IX	M 7,4–7,7	zerstörend; Panik unter den Menschen, schwächere Gebäude stürzen ein
X	M 7,8–8,4	sehr zerstörend; gut gebaute Gebäude werden zerstört
XI	M 8,5–8,9	verwüstend; die meisten Bauwerke werden zerstört, darunter auch erdbebengerecht gebaute
XII	M 8,6 (bisher höchster Wert, der gemessen wurde)	vollständig verwüstend; nahezu alle Bauwerke werden zerstört
	M 100	Zerbersten des Erdballs

DIAMONDS ARE A GIRL'S BEST FRIENDS

Karat	*ø in mm*
0,01	
0,03	
0,05	
0,1	
0,25	
0,5	
0,75	
1,0	
1,5	
2,0	
2,5	
5,0	

QUALITÄT UND WERT VON DIAMANTEN WERDEN DURCH DIESE VIER CS BESTIMMT:

Die vier Cs	*Bedeutung*	*Fachbezeichnung der kostbarsten Güte*
C	cut, der Schliff	sehr gut (very good)
C	color, die Farbe	hochfeines Weiß-Plus (R; river)
C	clarity, die Reinheit	lupenrein (fl; flawless)
C	carat, das Gewicht	je mehr desto kostbarer (1 Karat Kt, ct = 0,2 g)

Ursprünglich war das Karat das Gewicht eines getrockneten Samenkerns des Johannisbrotbaumes.

SCHLIFFFORMEN

1. Baquetteschliff 
2. Brillantschliff 
3. Herzschliff 
4. Marquise- oder Navetteschliff 
5. Ovalschliff 
6. Prinzessschliff 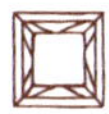
7. Smaragdschliff 
8. Tropfenschliff 

IN DIESE TIERE WÜRDEN SICH GERNE KINDER VERWANDELN, WENN SIE KÖNNTEN

Adler, Delfin, Katze, Löwe, Schmetterling, Tiger

BERÜHMTES AUS DER BOTANIK

Adamsapfel .... Teil des Schildknorpels bei Männern
Apfel, vergiftet .... brachte Schneewittchen beinahe um die Ecke
Apfelbäumchen .... Hoffnung in einer hoffnungslosen Situation
Atompilz .... Rauchsäule nach der Explosion einer Atombombe
Bäckerblume .... Zeitschrift des Bäckerhandwerks
Big Apple .... New York
Blümchen .... Schlagersängerin
Blüte .... Falschgeld
Blumenkinder .... Hippies in den 1960er Jahren
Dorn im Auge .... ärgerlich
Dornröschen .... Märchenfigur
Eisblumen .... frostige Gemälde auf kalten Fensterscheiben
Erbse .... Eignungstest für Prinzessinnen
Gerstenkorn .... Entzündung am Rand des Augenlids
Glückspilz .... ja, das wollen wir doch alle sein!
Gürtelrose .... schmerzhafte Virusinfektion
Karotte .... Hosenschnitt: oben weit, unten eng
Kopfnuss .... Schlag mit dem pädagogischen Zeigefinger
Lorbeer .... Material für Cäsars Krone
Maibaum .... traditioneller Festbaum
Rapunzel .... Märchenfigur
Reichsapfel .... Machtsymbol römisch-deutscher Kaiser
Saure-Gurken-Zeit .... Sommerferien
Stammbaum .... Darstellung von Verwandtschaftsbeziehungen
Tutti Frutti .... schlüpfrige TV-Sendung
Weiße Rose .... Münchner Widerstandsgruppe im Dritten Reich

TEEKESSELCHEN (2)

steht für...	*Teekesselchen*	*steht für...*
toter Hund	kalter Hund	Kuchen aus Keks und Schokolade
Auge einer Katze	Katzenauge	Rückstrahler an Fahrzeugen
Affenart	Klammeraffe	@-Zeichen in mail-Adressen
Nest einer Krähe	Krähennest	Plattform am Schiffsmast
großes Kriechtier	Krokodil	Gelenklokomotive (Schweiz)
Vogel	Kuckuck	Pfandsiegel des Gerichtsvollziehers
heimischer Lurch	Laubfrosch	der grüne Opel 4/12

LIEBLINGSTIERE

Alcmene	Windhund von König Friedrich II
Argos	Hund von Odysseus
Baltique	Labradorhündin von François Mitterand
Ba-Tou	Katze von Colette
Bauschan	Hühnerhundmischling von Thomas Mann
Belferlein	Spitz von Martin Luther
Bimperl	Spitz von Wolfgang Amadeus Mozart
Bukephalos	Lieblingspferd von Alexander dem Großen
Butz	Pudel von Arthur Schopenhauer
Daisy Mooshammer	Yorkshireterrier von Rudolf Mooshammer
Gaucho	Bussard von Heino
Gromit	Knethund von Wallace
Hanno	Lieblingselefant von Papst Leo X.
Jock	Lieblingskatze von Winston Churchill
Karoun	Lieblingskatze von Jean Cocteau
Mucki	Lieblingskatze von Erich Kästner
Mys, Nuggi, Tabbi und Bimbo	Lieblingskatzen von Paul Klee
Porphy	Katze von Hermann Hesse
Rosinante	Pferd von Don Quijote
Rover	Corgi von Queen Mom
Taki	Katze von Raymond Chandler
Tyras	Dogge von Otto von Bismarck
Vixen	Foxterrier von Rudyard Kipling
Wilhelm	Lieblingskatze von Charles Dickens

MAULTIER – MAULESEL

	Mutter	*Vater*
Maultier, Muli	Pferdestute	Eselhengst
Maulesel	Eselstute	Pferdehengst

SCHWEINEREI

In Frankreich ist es gesetzlich verboten, ein Schwein „Napoleon“ zu taufen.

VULKANTYPEN NACH ART DES AUSBRUCHS

Solfataren-Typ (Fumarolen-Typ)	nur Dampf und Gase
Hawaii-Typ	ruhiger Ausfluss von Lava
Stromboli-Typ	gleichmäßiges Entweichen von Dampf und Asche
Vesuv-Typ	heftige Explosionen und Pinienwolken
Krakatau-Typ	verheerende Gasexplosionen
Pelée-Typ	sengende Glutwolken

VULKANTYPEN NACH FORM

Schild- und Deckenvulkane	Manna Loa, Hawai
Schichtvulkane	Vesuv, Italien
Lockerstoffvulkane	Laacher-See-Vulkan, Deutschland
Caldua Vulkane	Mount St. Helen, USA

VULKANE IN DEUTSCHLAND

Vulkangebiet	*heutige Höhe des höchsten Punktes*	*Vulkantyp*	*aktive Phase*
Hegau	Hohenhöven 846 m	Stromboli-Typ	vor 14–7 Millionen Jahren in acht Perioden
Kaiserstuhl	Totenkopf 559 m	Pelée-Typ	vor 18–13 Millionen Jahren in drei Perioden
Schwäbische Alb	rund 300 embryonale Vulkane um Urach	Vesuv-Typ	vor 7 Millionen Jahren
Katzenbuckel	626 m	Vesuv-Typ	vor 66–40 Millionen Jahren in zwei Perioden
Vogelsberg	Taufstein 773 m	Hawaii-Typ	vor 19–7 Millionen Jahren
West-Eifel	700 m, Gebiet um Daun	Stromboli-Typ	vor 400.000–10.000 Jahren in zwei Perioden
Ost-Eifel	Hochsimmer 587 m, rund 50 Vulkane	Vesuv-Typ	vor 570.000–vor 11.000 Jahren in drei Perioden
Siebengebirge	Großer Ölberg 460 m	Lava erreichte nicht die Oberfläche	vor rund 22 Millionen Jahren in zwei Perioden
Rhön	Wasserkuppe 950 m	Vesuv-Typ	vor 25–11 Millionen Jahren

ZEHN FAKTEN ZU INSEKTEN

1. 80 % aller Tiere der Erde sind Insekten.
2. Insekten bevölkern seit rund 350 Millionen Jahren die Erde.
3. Auf der Erde leben ca. 2–20 Millionen verschiedene Insektenarten.
4. Rund 1 Million Arten wurden wissenschaftlich beschrieben.
5. Käfer sind mit bis zu 400.000 Arten die artenreichste Tiergruppe.
6. Es gibt rund 150.000 verschiedene Arten von Schmetterlingen.
7. In Mitteleuropa leben über 30.000 Insektenarten.
8. Mit über 11.000 Arten sind bei uns die Hautflügler (Ameisen, Bienen und Wespen) die artenreichste Insektengruppe.
9. Die Honigbiene ist das einzige Haustier unter den Insekten.
10. Das kleinste Insekt ist nur 0,17 mm groß (eine Erzwespenart), das größte misst 35 cm (Gespensterheuschrecke).

MONDMEERE

Wissenschaftlicher Name	*Deutscher Name*	*Durchmesser in km*
Mare Anguis	Schlangenmeer	150
Mare Australe	Südmeer	603
Mare Cognitum	Meer der Erkenntnis	376
Mare Crisium	Meer der Gefahren	418
Mare Fecunditatis	Meer der Fruchtbarkeit	909
Mare Frigoris	Meer der Kälte	1596
Mare Humboldtianum	Humboldt-Meer	273
Mare Humorum	Meer der Feuchtigkeit	389
Mare Imbrium	Regenmeer	1123
Mare Ingenii	Meer der Begabung	318
Mare Insularum	Inselmeer	513
Mare Marginis	Randmeer	420
Mare Moscoviense	Moskauer Meer	277
Mare Nectaris	Nektarmeer	333
Mare Nubium	Wolkenmeer	715
Mare Orientale	Östliches Meer	327
Mare Serinitatis	Meer der Heiterkeit	707
Mare Spumans	Schäumendes Meer	139
Mare Tranquillitatis	Meer der Ruhe	873
Mare Undarum	Wellenmeer	243
Mare Vaporum	Meer der Dämpfe	245

ZEIGERPFLANZEN WEISEN AUF BODENTYPEN HIN

Eigenschaften des Bodens	*Diese Pflanzen wachsen dort gerne*
stickstoffreich, fett, nährstoffreich	Beifuß Brennnessel Gewöhnliche Kratzdistel Giersch Kletten-Labkraut Knoblauchsrauke Krauser Ampfer Löwenzahn Vogelmiere Weiße Taubnessel
stickstoffarm, mager, nährstoffarm	Acker-Schachtelhalm Augentrost Echtes Labkraut Hornklee Kartäuser-Nelke Kleines Habichtskraut Margerite Schaf-Schwingel Silberdistel Skabiosen-Flockenblume
sauer	Acker-Hundskamille Arnika Heidekraut Heidelbeere Sauerampfer

Eigenschaften des Bodens	*Diese Pflanzen wachsen dort gerne*
kalkreich	Frauenschuh Gelbes Windröschen Küchenschelle Sichelklee Stinkende Nieswurz Türkenbund-Lilie Wiesen-Salbei
feucht, wasserhaltig	Arznei-Baldrian Binse Mädesüß Schilf Schlangen-Knöterich Sumpfdotterblume Sumpf-Vergissmeinnicht Wasser-Knöterich
trocken	Echtes Johanniskraut Echtes Tausendgüldenkraut Feld-Thymian Hasen-Klee
verdichtet	Breit-Wegerich Gänseblümchen Gänse-Fingerkraut Huflattich Quecke

TRITTSIEGEL HEIMISCHER WILD- UND HAUSTIERE

FELDMAUS
4 Zehen am Vorderfuß
5 Zehen am Hinterfuß
Vorderfuß 0,7 cm
Hinterfuß 1 cm

FELDHASE
4 Zehen am Vorder- und Hinterfuß, nicht deutlich sichtbar wegen Fell
kurzer Vorderfuß 4,5 cm
langer Hinterfuß 15 cm

DACHS
5 Zehen am Vorder- und Hinterfuß
Vorderfuß 6 cm
Hinterfuß 7 cm

HAUSKATZE
4 Zehen am Vorder- und Hinterfuß, keine Krallen sichtbar, sehr runder Fußabdruck
Vorder- und Hinterfuß 3 cm

HAUSHUND
4 Zehen am Vorder- und Hinterfuß, rundlicher Fußabdruck
Vorder- und Hinterfuß je nach Rasse

ROTFUCHS
4 Zehen am Vorder- und Hinterfuß, schmaler Fußabdruck
Vorder- und Hinterfuß 5 cm

REH
2 gebogene Hufe
Vorder- und Hinterfuß bis 5 cm

WILDSCHWEIN
2 große gebogene Hufe vorne, 2 kleine Hufe seitlich hinten davon
Vorder- und Hinterfuß 8 cm

TYPISCHES WETTER

Frühling: Aprilwetter, Regenbogen, Eisheilige, Schafskälte
Sommer: Siebenschläfer, Hundstage, Altweibersommer, Gewitter
Herbst: Goldener Oktober, Wind, Nebel, Novemberwetter
Winter: Schnee, Schnee, Glätte, Eis

AUS DEM LEBEN EINER HONIGBIENE

Eine Arbeiterin übernimmt im Lauf ihres Lebens verschiedene Tätigkeiten im Bienenstock.

PRÄNATAL: EI, LARVE, PUPPE
Dreiägige Eizeit, danach verschiedene Larvenstadien und Puppenruhe; aus unbefruchteten Eiern entstehen Drohnen (männliche Bienen), aus befruchteten Weibchen; die mit Königinnenfuttersaft gefütterten weiblichen Larven werden zu Königinnen.

1. LEBENSTAG:
Schlupf aus der Puppenhülle.

1.–4. LEBENSTAG: HAUSBIENE IM STOCK
Reinigt frei gewordene Bienenzellen für die neuen Eier, hat viel Müßiggang (ruht aus, sitzt still herum oder spaziert auf den Waben umher).

5.–10. LEBENSTAG: BRUTAMME IM STOCK
Füttert mit in ihren Futtersaftdrüsen gezeugter „Muttermilch" Bienenlarven; am 9. oder 10. Tag verlässt sie für einen ersten Orientierungsflug etwa 5 Minuten den Bienenstock, um die nähere Umgebung kennenzulernen.

11.–18. LEBENSTAG: BAUBIENE IM STOCK
Schwitzt Wachs aus und baut neue Bienenwaben, verarbeitet den von anderen Arbeiterinnen eingetragenen Nektar und füllt ihn in die Vorratszellen ab, füllt den eingetragenen Pollen in Vorratszellen, putzt den Stock etwa von den Leichen gestorbener Stockgenossen.

19.–20. LEBENSTAG: WÄCHTERIN AM FLUGLOCH
Einfliegende Bienen prüfen, freche Wespen und andere Honigräuber abwehren, blitzartig sich nähernde Feinde wie Mensch oder Bär angreifen.

20. LEBENSTAG – TOD: SAMMLERIN.
Nektar und Pollen von den Blüten sammeln; bei schlechtem Wetter Arbeiten im Stock.

28.–35. LEBENSTAG: TOD
Bei im Frühjahr oder Sommer geschlüpften Arbeitsbienen; im Spätsommer und Herbst geschlüpfte Arbeiterinnen leben mehrere Monate.

URMENSCHEN

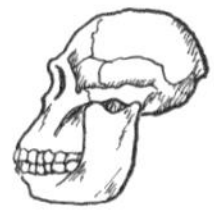

VORMENSCH
auch „Südaffe" genannt *(Australopithecus)*
lebte vor 4 – 1,1 Millionen Jahren
Gehirnvolumen kleiner als 500 ccm
konnte schon aufrecht gehen

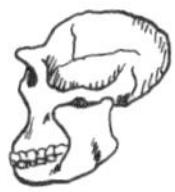

DER „GESCHICKTE MENSCH" *(Homo habilis)*
lebte vor 2,5 – 1,5 Millionen Jahren
Gehirnvolumen 700 ccm
die ersten Werkzeugmacher

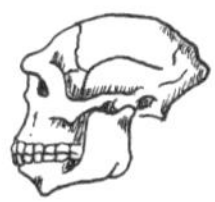

DER „AUFRECHTE MENSCH" *(Homo erectus)*
lebte vor 2 Millionen – 400.000 Jahren
Gehirnvolumen 950 ccm
die ersten Urmenschen, die das Feuer benutzten

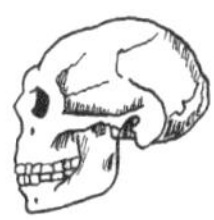

NEANDERTALER *(Homo neanderthalensis)*
lebte vor 200.000 – 30.000 Jahren
Gehirnvolumen 1500 ccm
versorgte Mitmenschen, bestattete Verstorbene

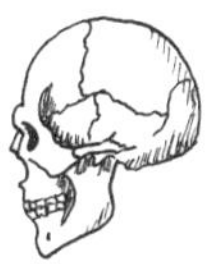

MODERNER MENSCH *(Homo sapiens)*
lebt seit 40.000 Jahren
Gehirnvolumen 1400 ccm
breitet sich über die ganze Erde aus

FARBENSEHEN IM TIERREICH

	blau	*grün*	*rot*	*UV*
Feuersalamander, Känguru, Mensch, Primaten	ja	ja	ja	nein
Goldfisch, Koi, die meisten Kriechtiere, Vögel	ja	ja	ja	ja
Bienen, Gecko	ja	ja	nein	ja
Hund, Kaninchen, Katze, Rind	ja	ja	nein	nein
Pferd	nein	ja	ja	nein
die meisten Insekten	ja	nein	ja	nein
Delfine, Wale, Robben	nein	ja	nein	nein
Fledermäuse	nein	nein	nein	ja

WELTWETTEREXTREME

JANUAR		
9.1.1954	- 66,1 °C	tiefste Januartemperatur der Erde (Northice, Grönland)
16.1.1889	53,1 °C	höchste Januartemperatur der Erde (Cloncurry, Australien)
23.1.1907	1.057,8 hPa	höchster Luftdruck Deutschlands (Berlin-Dahlem)
FEBRUAR		
11.2.1935	- 24,1 °C	tiefste Temperatur in Afrika (Semrir, Marokko)
19.2.1971	31,1 m Schnee	größte Menge Schneefall innerhalb von 1 Jahr (bis zum 18.2.1972 – Mount Rainier, USA)
28.2.1964	1.340 mm	größter Niederschlag der Erde innerhalb von 12 Stunden (La Reunion, Indischer Ozean)
MÄRZ		
12.3.1952	4.110 mm	größter Niederschlag der Erde innerhalb von 7 Tagen (bis zum 19.3.1952 – La Reunion, Indischer Ozean)
15./16.3.1952	1.870 mm	größter Niederschlag der Erde innerhalb von 24 Stunden (La Reunion, Indischer Ozean)
APRIL		
2.4.1944	8,3 m	höchste Schneedecke in den deutschen Alpen (Zugspitze)
12.4.1934	416 km/h	stärkste Windböe der Erde (Mount Washington, USA)
MAI		
12.5.1916	198 mm	Regen in 15 Minuten, heftigster Wolkenbruch der Erde (Jamaika, Karibik)
Mai 1933	733 mm	größter Niederschlag innerhalb von 1 Monat in Deutschland (Lindau, Bodensee)
Mai 1996	242 Stunden	längste Nebeldauer Deutschlands (Neuhaus/Rennweg, Thüringen)
JUNI		
11.6.1993	329 mm	Regen, größter Niederschlag Deutschlands innerhalb von 3 Tagen (bis zum 13.6.1993 – Pritzwald, Brandenburg)
22.6.2003	0,5 m	Umfang des größten Hagelkorns der Erde (mittlerer Westen, USA)

JULI		
7.7.1906	260 mm	größter Niederschlag Deutschlands innerhalb von 1 Tag (Zeithain, Sachsen)
21.7.1983	-89,2 °C	tiefste Temperatur der Erde (russische Antarktisstation Wostock)
AUGUST		
August 1998	41,2 °C	höchste Temperatur in Deutschland (Brauneberg, Mosel)
1.8.1860	26.461 mm	größter Niederschlag der Erde innerhalb von 1 Jahr (bis zum 31.7.1861 – Cherrapunji, Indien)
4.8.1881	50 °C	höchste Temperatur in Europa (Sevilla, Spanien)
SEPTEMBER		
3.9.1970	770 g	schwerstes Hagelkorn der Erde (Coffeyville, USA)
10.9.1970	396 km/h	höchste Windgeschwindigkeit der Erde (Luzon, Philippinen)
13.9.1922	57,8 °C	höchste Temperatur der Erde (El Aziziah, Libyen)
OKTOBER		
12.10.1979	879 hPa	tiefster Luftdruck der Erde (Taifun Tip bei Guam, Pazifik)
20.10.1956	14,6 °C	höchste Temperatur der Antarktis (Esperanza)
NOVEMBER		
26.11.1970	38,1 mm	größter Niederschlag der Erde in 1 Minute (Guadeloupe, Karibik)
27.11.1983	955,4 hPa	tiefster Luftdruck Deutschlands (Bremen)
DEZEMBER		
24.12.1924	46,6 °C	größter Temperatursturz der Erde innerhalb von 12 Stunden von + 17,2 °C auf – 29,4 °C (Fairfield, USA)
24.12.2001	-45,9 °C	tiefste Temperatur in Deutschland (Funtensee, Bayern)
29.12.1978	- 55 °C	tiefste Temperatur Europas (Koinas, Russland)
1958	330 Tage	häufigste Nebeltage Deutschlands (Brocken, Harz)

BAUM DES JAHRES

1990	Rot-Buche	1999	Silber-Weide
1991	Sommer-Linde	2000	Sand-Birke
1992	Berg-Ulme	2001	Esche
1993	Speierling	2002	Wacholder
1994	Eibe	2003	Schwarz-Erle
1995	Spitz-Ahorn	2004	Weiß-Tanne
1996	Hainbuche	2005	Rosskastanie
1997	Eberesche	2006	Schwarz-Pappel
1998	Wild-Birne	2007	Wald-Kiefer

GESANG HEIMISCHER HEUSCHRECKEN

Heuschreckenarten können anhand ihres arttypischen Gesangs eindeutig bestimmt werden. Eine Auswahl:

Art	*Gesang*
Stauroderus scalaris, Gebirgs-Grashüpfer	lange, monotone Gesangsreihen mit einem Wechsel von Schwirr- und Schnarrtönen („dsch-trrr“)
Tettigonia cantans, Zwitscher-Heupferd	sehr lautes, scharfes, langanhaltendes Schwirren, schwillt schnell an
Euthystira brachyptera, Kleine Goldschrecke	jeweils 5 leise, fast zu einem Ton zusammenfließende Einzeltöne in regelmäßigen Abständen
Pholidoptera griseoaptera, Gewöhnliche Strauchschrecke	sehr kurze, scharfe Gruppe aus 3 Einzeltönen („zrit“) in einigermaßen regelmäßigen Abständen
Acheta domesticus, Heimchen	schnelle Folge von zwei bis vier weichen, lauten und klangvollen Einzeltönen in unregelmäßigen Abständen
Nemobius sylvestris, Waldgrille	weich schnurrende, kurze und etwas längere Schwirrverse („rürr“) in unregelmäßigen Abständen
Chorthippus brunneus Brauner Grashüpfer	markanter, leicht einzuprägender Gesang aus harten kurzen Lauten („sst“) in monotonen Abständen von knapp 2s; oft singen 2 Tiere im Wechsel

TIERISCHE REDENSARTEN

Auch ein blindes Huhn findet manchmal noch ein Korn
Aus der Mücke einen Elefanten machen
Bekannt wie ein bunter Hund
Das pfeifen die Spatzen vom Dach
Den Bock zum Gärtner machen
Die Katze im Sack kaufen
Die Motten kriegen
Die Ratten verlassen das sinkende Schiff
Es ist zum Mäuse melken
Eulen nach Athen tragen
Hummeln im Hintern haben
Jemand einen Bären aufbinden
Jemand etwas vom Pferd erzählen
Kein Aas glaubt das
Keine zehn Pferde bringen mich hier weg
Kotzen wie ein Reiher
Mich laust der Affe
Mühsam ernährt sich das Eichhörnchen
Perlen vor die Säue werfen
Vor die Hunde gehen
Wie ein Ochse vor dem Berg
Würmer aus der Nase ziehen

REDENSARTEN FÜR VEGETARIER

Auf keinen grünen Zweig kommen
Auf seinen Lorbeeren ausruhen
Da hast du den Salat
Da ist doch was im Busch
Da wächst kein Gras mehr
Das macht den Kohl auch nicht fett
Das sind doch peanuts
Den sticht der Hafer
Die Spreu vom Weizen trennen
Eins auf die Nuss geben
Für einen Appel und ein Ei
In den sauren Apfel beißen
Jemand auf die Palme bringen
Tomaten auf den Augen haben

GIFTPILZE IN EUROPA

Vorkommen: rund 5.000 verschiedene Pilzarten
Essbar: 400 Pilzarten, allerdings gelten nur 108 als Speisepilze
Giftig: 160 Pilzarten, die oft ihren essbaren Verwandten ähneln

WICHTIG!
Treten 15 Minuten bis wenige Stunden nach einer Pilzmahlzeit Übelkeit, Bauchschmerzen, Erbrechen, Kopfschmerzen oder andere Arten von Unwohlsein auf – sofort zum Arzt oder ins Krankenhaus gehen!! In seltenen Fällen treten, wie beim Knollenblätterpilz, die Symptome erst später auf.

DAMIT ES NICHT SOWEIT KOMMT
Lassen Sie selbst gesammelte Pilze vor der Zubereitung stets von einem Pilzberater bestimmen!

VERLAUF EINER VERGIFTUNG MIT DEM GRÜNEN KNOLLENBLÄTTERPILZ

Gifte: Amatoxine, Phallotoxine, Virotoxine
Wirkung: Zersetzung der Leber, tödlich
100 g frische Knollenblätterpilze enthalten: etwa 15 mg Amatoxin
Tödliche Dosis Amatoxin: etwa 0,1 mg/kg Körpergewicht oder 1 Pilz
Jedes Jahr einige Tote in Deutschland.

VERLAUF
1. Schädigung von Magen und Dünndarm: nach 6–24 Stunden (abhängig von der aufgenommenen Giftmenge): Bauchschmerzen, Erbrechen, erst wässrige und danach blutige Durchfälle, evtl. tödliches Kreislaufversagen.
2. Wenn 1. Phase überlebt wurde:
   meist trügerische Besserung des Befindens nach dem 1. – 3. Tag.
3. Fortschreitende Zerstörung der Leber, Aussetzen der Urinausscheidung, Bewusstseinstrübung, Leberkoma und Tod nach 4–7 Tagen.

EINZIGE RETTUNG
Sofort nach dem Auftreten erster Vergiftungssymptome ins Krankenhaus, Not-OP mit Einpflanzen einer Spenderleber.

BLUT IST IMMER ROT, ODER?

Blutfarbe und Farbstoff	*bei wem?*
rot Hämoglobin	Regenwurm, Larven der Zuckmücken, Tunfisch, Vögel, Säugetiere, Mensch
blau Hämocyanin	Tintenfische, die meisten Schnecken viele Krebse, Schwertschwänze, Skorpione, Spinnen
weiß fehlt	Eisfische der Antarktis, Insekten
grün Chlorocruorin	einige Würmer
violett Hämerythrin	andere Würmer

SÄUGETIERE, DIE IM EISZEITALTER IN DEUTSCHLAND LEBTEN

Während der Kaltzeiten	*Während der Warmzeiten*
Fellnashorn	Alpenwolf
Höhlenbär	Berberaffe
Höhlenhyäne	Flusspferd
Höhlenlöwe	Säbelzahnkatze
Moschusochse	Steppenbison
Rentier	Steppennashorn
Riesenhirsch	Steppenwolf
Steppenelefant	Waldelefant
Wollhaarmammut	Waldnashorn
	Wildpferd

TELEFONNUMMERN VON GIFTNOTRUFZENTRALEN

Berlin .... 030 / 450653555
Bonn .... 0228 / 2873211
Erfurt .... 0361 / 730730
Freiburg .... 0761 / 19240
Göttingen .... 0551 / 383180
Homburg/Saar .... 06841 / 19240
Mainz .... 06131 / 19240
München .... 089 / 19240
Nürnberg .... 0911 / 3982451

VOM WILDTIER ZUM HAUSTIER

Wolf, Europa	Haushund, etwa 14.000 v. Chr.
Wildziege, Vorderer Orient	Hausziege, etwa 11.000 v. Chr.
Wildschwein, Europa	Hausschwein, etwa 9.000 v. Chr.
Falbkatze, Afrika	Hauskatze, etwa 6.000 v. Chr.
Ur, Indien (1627 ausgestorben)	Hausrind, etwa 5.000 v. Chr.
Wildpferd, Asien	Hauspferd, etwa 3.000 v. Chr.
Felsentaube, Ägypten	Haustaube, etwa 3.000 v. Chr.
Bankiva-Huhn, Indien	Haushuhn, etwa 3.000 v. Chr.
Graugans, Europa	Hausgans, etwa 3.000 v. Chr.
Stockente, Europa	Hausente, etwa 100 v. Chr.

RECHTS- UND LINKSHÄNDER IM TIERREICH

Art	*Rechtshänder*	*Linkshänder*
Mensch	75–95 %	5–25 %
Winkerkrabbe (Schere)	50 %	50 %
Zahlreiche Papageienarten	Weniger Rechtshänder	Mehr Linkshänder
Elefanten (Stoßzahn)	50 %	50 %
Walross	66 %	4 %, der Rest keine Vorliebe für eine Seite
Wilde Schimpansen	Weniger Rechtshänder	Mehr Linkshänder
Schimpansen in Obhut des Menschen	Mehr Rechtshänder	Weniger Linkshänder

GEBURTSGEWICHTE EINIGER TIERKINDER

Art	*Gewicht Muttertier*	*Geburts-gewicht*	*Gewichtsverhältnis Mutter : Junge*
Grizzlybär	etwa 150 kg	500 g	300
Löwe	bis zu 180 kg	1.300 g	140
Wolf	etwa 40 kg	500 g	80
Rotfuchs	2,5–10 kg	80–150 g	50
Igel	500–1.100 g	12–15 g	35
Zwergfledermaus	4–5 g	1 g	4

METEOROLOGISCHE ZEICHEN

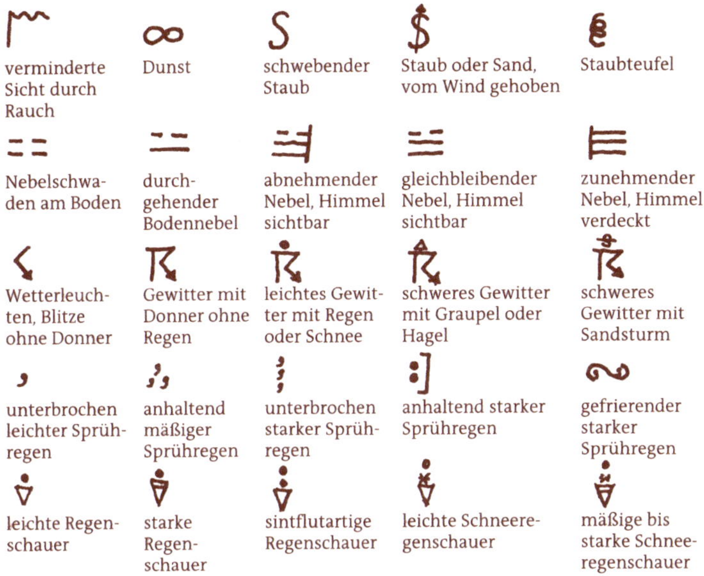

TEEKESSELCHEN (3)

steht für...	*Teekesselchen*	*steht für...*
Großkatze	Leopard	Panzer
Ohren eines Hasen	Löffel	Besteckteil
im Boden lebendes Säugetier	Maulwurf	Spion, mit Tarnnamen
Nachtfalter	Nonne	Dachziegel
Territorium eines Individuums	Revier	Abbaugebiet im Bergbau
Vogel	Schwalbe	Fußballer, provoziert Elfmeter
größte europäische Eule	Uhu	scherzhaft für „unter hundert (Jahre alt)“
Blütenpflanze	Veilchen	blaues Auge
Insekt	Wanze	Abhörgerät
Streifen des Zebras	Zebrastreifen	Fußgängerüberweg

WELTTAGE RUND UMS JAHR

2. Februar	Welttag der Feuchtgebiete
14. März	Internationaler Aktionstag gegen Staudämme
21. März	Internationaler Tag des Waldes
22. März	Weltwassertag
23. März	Welttag der Meteorologie
20. April	Internationaler Tag gegen Lärm
22. April	Tag der Erde
23. April	Tag des deutschen Bieres
24. April	Weltversuchstiertag
28. April	Allergie- und Asthma-Tag
30. April	Tag des Lärms
3. Mai	Tag der Sonne
15. Mai	Bayerischer Tag der Milch
22. Mai	Internationaler Tag für Artenvielfalt
1. Juni	Weltbauerntag
1. Juni	Internationaler Tag der Milch
5. Juni	Weltumwelttag
17. Juni	Welttag für die Bekämpfung von Wüstenbildung und Dürre (UN)
21. Juni	Tag des Schlafes
18. Juli	Tag des Bodens
8. August	Internationaler Friedenstag, in Bayern nur in Augsburg
15. September	Tag des Iberischen Pferdes
16. September	Tag für die Erhaltung der Ozonschicht (UN)
22. September	Europäischer autofreier Tag
27. September	Weltschifffahrttag
4. Oktober	Welttierschutztag
19. November	Welttoilettentag
11. Dezember	Tag der Berge
19. Dezember	Internationaler Tag für biologische Vielfalt

WETTERPATE WERDEN

Seit 2003 gibt es die „Aktion Wetterpate“: Jeder kann Wetterpate für ein Hoch- oder Tiefdruckgebiet werden. Für einen bestimmten Geldbetrag, der dem Institut der Meteorologie an der Universität Berlin zugute kommt, bestimmt der Pate den Namen für ein Hoch oder Tief.

ZEHN WETTERFAKTEN ZUM HOCHDRUCK

1. heißt auch Antizyklon
2. Luftdruck um 1040 hPa
3. Gebiet mit sinkender Luft, dadurch hoher Luftdruck
4. meist stabiles, schönes, warmes und trockenes Wetter
5. im Winter oft sehr kalt
6. Luftfeuchte wird geringer
7. Wolken lösen sich auf
8. wolkenloser oder wolkenarmer Himmel
9. Luft bewegt sich auf der Nordhalbkugel im Uhrzeigersinn um das Zentrum
10. dauert meist einige Tage bis mehrere Wochen

ZEHN WETTERFAKTEN ZUM TIEFDRUCK

1. heißt auch Zyklon
2. Luftdruck um 960 hPa
3. Gebiet mit aufsteigender Luft, dadurch niedriger Luftdruck
4. meist unruhiges, wechselhaftes, kühles und regnerisches Wetter
5. im Winter oft Schnee
6. Luftfeuchte wird höher
7. Wolken bilden sich
8. wolkenbedeckter Himmel
9. Luft bewegt sich auf der Nordhalbkugel gegen den Uhrzeigersinn um das Zentrum
10. kürzere Lebenszeit als Hochdruckgebiet

NAMEN FÜR TIEFS UND HOCHS

Namen für die Tief- und Hochdruckgebiete werden seit 1954 vom Meteorologischen Institut der Freien Universität Berlin vergeben. Seit dem Jahr 1998 wechselt die Namensgebung jährlich. 2006 endete die Namensvergabe bei den Hochs bei Bernhard (dem 3. B) und bei den Tiefs bei Lotte (dem 6. L).

	Tief	*Hoch*
in ungeraden Jahren (2007, 2009, 2011, …)	männliche A–Z	weibliche A–Z
in geraden Jahren (2008, 2010, 2012, …)	weibliche A–Z	männliche A–Z

DIE SIEBEN PFLANZEN DER BIBEL

Nachdem das Volk Israel 40 Jahre lang durch die Wüste gewandert war, kamen sie im Gelobten Land Kanaan an. Fruchtbare Böden und sprudelnde Wasserquellen machen es zum Land der „sieben Arten“:

Weizen	Emmer *(Triticum dicoccon)*, Hartweizen *(Triticum durum)*
Gerste	Zweizeilige Gerste *(Hordeum vulgare)*
Wein	Echte Weinrebe *(Vitis vinifera)*
Feige	Echte Feige *(Ficus carica)*, Esels- oder Maulbeerfeige *(Ficus sycomorus)*
Granatapfel	Granatapfelbaum *(Punica granatum)*
Olive	Öl- oder Olivenbaum *(Olea europaea)*
Dattel	Dattelpalme *(Phoenix dactylifera)*

DIE SCHÖNSTEN HUNDERASSEN

Die letztplatzierten der 338 von der FCI (Fédération Cynologique Internationale) anerkannten Hunderassen der Erde.

329	Pharao Hund
330	Pomeranian
331	Kurzhaar-Chihuahua
332	Bull Terrier
333	Bulldog
334	Shar-Pei
335	Podenco Ibicenco (Balearen Laufhund)
336	China Crested Dog (Chinesischer Schopfhund)
337	Inka-Nackthund
338	Toy Xoloitzcuintli (Mexikanischer Nackthund); wird ausgesprochen: Scholo-ietz-kwintli)

SCHALLGESCHWINDIGKEITEN

In der Luft	343 m/sek
Im Wasser	1480 m/sek
Im Eis	3200 m/sek

HÖHE DER WETTERSCHICHT IN DER ATMOSPHÄRE

an den Polen	8 km
in Mitteleuropa	11 km
am Äquator	18 km

AUS DER JÄGERSPRACHE: KÖRPERTEILE VON TIEREN

Balg	Fell, Haut
Behänge	Ohren vom Hund
Drossel	Kehle
Decke	Fell, Pelz
Fahne	lange Schwanzhaare
Fang	Maul (Fuchs, Wolf, Hund)
Geäfter	hintere Zehen von Hirsch, Reh
Geäse	Maul (Hirsch, Reh)
Gehöre	Ohren
Läufe	Beine (Hirsch, Reh)
Lauscher	Ohren (Hirsch, Reh)
Lecker	Zunge (Hirsch, Reh)
Lichter	Augen (Hirsch, Reh)
Löffel	Ohren (Hase)
Lunte	Schwanz (Fuchs)
Muffel	Lippen (Hirsch und Reh)
Ruder	Füße (Ente und andere Schwimmvögel)
Rute	Schwanz (Hund, Wolf, Marder)
Schalen	Hufe (Hirsch, Reh, Wildschwein)
Schwarte	Haut (Wildschwein, Dachs)
Schweiß	Blut (von verletzten Tieren)
Seher	Augen (Hase)
Spiegel	heller Fleck am Po (Hirsch, Reh)
Spross	Geweihende
Sprünge	Hinterläufe (Hase)
Standarte	Schwanz (Fuchs, Eichhörnchen)
Ständer	Füße (Rebhühner)
Stange	Geweih, Schwanz (Fuchs, Wolf)
Windfang	Nase

MÄRCHEN MIT HILFREICHEN UND DANKBAREN TIEREN

Märchen	*Autor*	*hilfreiche und dankbare Tiere*
Die Bienenkönigin	Albert Ludwig Grimm, 1809	Ameisen, Enten, Bienenkönigin
Aschenputtel	Brüder Grimm, 1812	ein weißer Vogel, weiße Tauben
Ferdinand Getreu und Ferdinand Ungetreu	Brüder Grimm, 1812	Schimmel
Der Hirt	Matija Valjavec, 1859	Hund, Kater, Schlange, Fisch
Die Königstochter auf dem Baum	Ulrich Jahn, 1891	Rabe, Wolf, Bär, Löwe
Das Meerhäschen	Josef Haltrich, 1856	Rabe, Fisch, hinkender Fuchs
Die Schöne mit den goldenen Haaren	Marie-Catherine Le Jumel de Barneville, Baronin d'Aulnoy, 1697	Karpfen, Rabe, Uhu
Die weiße Schlange	Brüder Jacob und Wilhelm Grimm, 1812	Drei im Rohr gefangene Fische, Ameisenkönig, drei hungrige junge Raben
Die zwei Brüder	Brüder Grimm, 1812	Hase, Fuchs, Wolf, Bär, Löwe

DER GEMEINE KRAKE

1 Meter lang
2 Kiemen zum Atmen
3 Herzkammern
4 mm große Jungtiere, frisch geschlüpft
5 x 100.000 Eier in einem Gelege
6 Jahre wird er nicht alt
7 Kilometer tief lebt der verwandte Riesenkrake
8 große Kopfarme
9 Gehirne
10 Milliliter Tinte

APHRODISIAKA IN ALLTÄGLICHEN GENÜSSEN

Aphrodisiaka (von Aphrodite, der griechischen Göttin der Liebe, der Schönheit und der Fruchtbarkeit) sind Mittel, die den Geschlechtstrieb und die Potenz stärken. Sie finden sich in diesen alltäglichen Genüssen:

Ananas	Gewürznelken	Kokosnuss	Safran
Anis	Granatapfel	Liebstöckel	Schwarz- und
Artischocke	Ingwer	Muskatnuss	Grüntee
Avocado	Kaffee	Petersilie	Senfkörner
Basilikum	Kakao	Pfeffer	Süßholz (Lakritz)
Chili	Karotte	Rettich	Vanille
Cola	Knoblauch	Rosmarin	Zimt

ANAPHRODISIAKA

Und diese alltäglichen Genüsse sollen den Geschlechtstrieb dämpfen:

Alkohol	Feldsalat	Kampfer	Opium
Baldrian	Fenchel	Kopfsalat	Raute
Blattsalat	Gurke	Lavendel	Seerose
Dill	Hopfen	Mönchspfeffer	Tabak

ECHTE VAMPIRE

Wer?	Gemeiner Vampir *(Desmodus rotundus)*, Weißflügelvampir *(Diaemus youngi)*, Kammzahnvampir *(Diphylla ecaudata)* aus der Familie der Blattnasenfledermäuse
Wo?	tropisches Lateinamerika
Was?	saugen Blut
Wem?	Säugetieren wie Rindern, Pferden, Schweinen, auch Menschen, ausnahmsweise auch Lurchen, Kriechtieren und Vögeln
Wie?	1. minutenlanges Ablecken der Haut (der Speichel enthält ein Narkotikum, das lokal betäubt) 2. ruckartiges Abtrennen eines kleinen Hautlappens mit den rasiermesserscharfen Zähnen 3. Auflecken des ausfließenden Blutes
Wie viel?	pro Mahlzeit etwa 20 ml Blut in 20–25 min

BERÜHMTE TIERE, DIE ES NIE GEGEBEN HAT

Amtsschimmel .... Übermaß an Bürokratie
Backfisch .... junges Mädchen
Bücherwurm .... Mensch, der sehr viel liest
Bundesadler .. offizielles Wappentier von Deutschland und Österreich
Mondkalb .... Schimpfwort
Nasobem .... Titelheld im gleichlautenden Gedicht von Christian Morgenstern
Nessie .... Ungeheuer von Loch Ness
Papiertiger .... wichtigtuerisches Schriftstück ohne eigentliche Bedeutung
Pechvogel .... Mensch, dem laufend Missgeschicke passieren
Pleitegeier .... Insolvenz oder Ende eines Betriebs
Rabeneltern .... schlechte Eltern
Schluckspecht .... Mensch, der viel (Bier) trinkt
Schrödingers Katze .... Versuchstier in einem physikalischen Gedankenexperiment von Erwin Schrödinger
Steinlaus ..... steinfressende Laus in einem Fernsehbeitrag von Loriot
Sündenbock .... Mensch, dem richtiger- oder fälschlicherweise die Schuld in die Schuhe geschoben wird

DIE OZEANE

	Arktischer Ozean	*Atlantischer Ozean*	*Indischer Ozean*	*Pazifischer Ozean*	*Süd-polarmeer*
Fläche (Mio. km²)	12,26	106,57	74,9	179,7	20,33
Wasser-volumen (Mio. km³)	18,7	350,9	284,6	723,7	
mittlere Tiefe (m)	1.526	3.926	3.897	4.028	
größte Tiefe (m)	5.449	9.219	8.047	11.034	7.235
längster Gebirgszug	Nansen-Rücken	Mittel-atlantischer Rücken	Zentral-indischer Rücken	Ost-pazifischer Rücken	Indisch ant-arktischer Rücken

WELTWEIT LEBEN

Rinder	1,5 Milliarden
Schweine	1 Milliarde
Schafe	1 Milliarde

LÄNDER MIT MEHR RINDERN ALS MENSCHEN

Uruguay	3.571 Rinder auf 1.000 Einwohner
Neuseeland	2.446 Rinder auf 1.000 Einwohner
Paraguay	1.670 Rinder auf 1.000 Einwohner
Irland	1.646 Rinder auf 1.000 Einwohner
Australien	1.553 Rinder auf 1.000 Einwohner
Namibia	1.349 Rinder auf 1.000 Einwohner
Argentinien	1.340 Rinder auf 1.000 Einwohner

LÄNDER MIT MEHR SCHWEINEN ALS MENSCHEN

Dänemark	2.039 Schweine auf 1.000 Einwohner
Tuvalu	1.179 Schweine auf 1.000 Einwohner
Samoa	1.105 Schweine auf 1.000 Einwohner

LÄNDER MIT MEHR SCHAFEN ALS MENSCHEN

Neuseeland	11.101 Schafe auf 1.000 Einwohner
Australien	5.873 Schafe auf 1.000 Einwohner
Mongolei	4.801 Schafe auf 1.000 Einwohner
Uruguay	3.806 Schafe auf 1.000 Einwohner
Mauretanien	2.624 Schafe auf 1.000 Einwohner
Insel Man	2.290 Schafe auf 1.000 Einwohner
Island	1.651 Schafe auf 1.000 Einwohner
Somalia	1.583 Schafe auf 1.000 Einwohner
Faroe Inseln	1.468 Schafe auf 1.000 Einwohner
Turkmenistan	1.296 Schafe auf 1.000 Einwohner
Namibia	1.221 Schafe auf 1.000 Einwohner
Irland	1.180 Schafe auf 1.000 Einwohner

LAND MIT MEHR WEINBERGSCHNECKEN ALS MENSCHEN

Frankreich	17.000 Schnecken auf 1.000 Einwohner

BERÜHMTE „KÜHE“

1 .... Die lila Milka-Kuh
2 .... Tierkreiszeichen Stier
3 .... Kuh-Handel
4 .... Ferdinand der Stier
5 .... Die springende Kuh Sibylle, Wettkönigin bei „Wetten das ...“
6 .... Maggie, die preisgekrönte Show-Kuh auf der „Patch of heaven“-Farm
7 .... Kuh Paula vom Pudding
8 .... Mama Muh (Kinderbuchstar)
9–220.000.009 .... Heilige Kuh in Indien
220.000.010 .... Fu Niu Lele, Maskottchen der Paralympics in Peking 2008

DIE SCHÖNHEIT VON POLLEN

Wenn Bäume, Blumen und Gräser erblühen, erzeugen sie gelben Blütenstaub, den Pollen. Der Wind oder bestäubende Insekten tragen ihn von Blüte zu Blüte. Mit ihm werden die weiblichen Blüten oder Blütenteile bestäubt – nur so können sich Samen bilden.
Doch was für unser bloßes Auge wie gelber Staub ausschaut, zeigt sich unter dem Mikroskop in seiner ganzen Schönheit und Vielfalt: Jede Pflanze produziert arttypische winzig kleine Pollenkörner. Ihre Kenntnis nutzen auch Paläobotaniker und erfahren so, welche Pflanzen in vergangenen Zeiten bei uns gewachsen sind.

Nadelgehölze	*Kiefer*	Stauden	*Weiße Taubnessel*
	Fichte		*Margerite*
	Tanne		*Wiesen-Kerbel*
Laubgehölze	*Buche*		*Hahnenfuß*
	Akazie		*Wiesen-Schaumkraut*
	Ahorn		*Heidekraut*
	Eiche		*Löwenzahn*
	Haselnuss		*Sonnenblume*
	Apfel		*Gras*

10 IRRTÜMER ÜBER DINOSAURIER

1. Dinosaurier sind die schwersten und größten Lebewesen der Erde.
2. Alle Dinosaurier starben mit einem Schlag vor rund 65 Millionen Jahren aus.
3. Dinosaurier lebten zur gleichen Zeit wie die Steinzeitmenschen.
4. Aus DNA-Resten von in Bernstein konserviertem Dinosaurierblut, das Stechmücken aufgesaugt haben, lassen sich Dinosaurier wieder herstellen.
5. Dinosaurier sind ausgestorben.
6. Dinosaurier waren wechselwarme Kriechtiere.
7. Dinosaurier sind wegen der Eiszeit ausgestorben.
8. Alle Dinosaurier waren riesig.
9. Tyrannosaurus rex war der größte und gefährlichste Raubsaurier.
10. Alle Dinosaurier waren dumm.

MESOZOISCHE SÄUGETIERE – ZEITGENOSSEN DER DINOSAURIER

Diese Säugetiere lebten im Erdmittelalter, zeitgleich mit den Dinosauriern. Sie waren nachtaktiv und ernährten sich zumeist von Pflanzen und Insekten.

Alphadon	30 cm, oppossumähnlich
Crusafontia	10 cm, eichhörnchenähnlich
Haramiya	12 cm, rattenähnlich
Megazostrodon	12 cm, spitzmausähnlich
Ptilodus	50 cm, eichhörnchenähnlich
Taeniolabis	75 cm, biberähnlich
Zalambdalestes	20 cm, rüsselspringerähnlich

LÄNGEN ERIGIERTER PENISSE

Blauwal	3 m	Pferd	75 cm	Lake-Ente	43 cm
Pottwal	2,2 m	Nashorn	60 cm	Mensch	10–19 cm
Elefant	1,5–1,9 m	Schwein	45–50 cm	Schimpanse	8 cm
Rind	90 cm	Delfin	45 cm	Gorilla	4 cm

LEBENDE FOSSILIEN

Einige Tier- und Pflanzenarten, die heute noch leben, existieren seit Jahrmillionen unverändert. Für sie scheint die durchschnittliche Lebensdauer einer Art von 1 Million Jahren nicht zu gelten.

Art	*Vorkommen heute*	*unverändert seit über*
Ginkgo *(Ginkgo biloba)*	China, Europa und Nordamerika	110 Millionen Jahren
„Redwood", Küsten-Mammutbaum *(Sequoia sempervirens)*	Nordamerika	130 Millionen Jahren
Welwitschia *(Welwitschia mirabilis)*	Afrika	70 Millionen Jahren
Pantoffeltierchen *(Paramecium triassicum)*	Mitteleuropa	200 Millionen Jahren
Perlboot *(Nautilus pompilius)*	westlicher Pazifik	70 Millionen Jahren
Zungenmuschel *(Lingula)*	warme Weltmeere	450 Millionen Jahren
Sommerschildkrebs *(Triops cancriformis)*	Mitteleuropa	200 Millionen Jahren
Schwertschwanz *(Limulus polyphemus)*	Nordamerika	400 Millionen Jahren
Silberfischchen *(Lepisma saccharina)*	Mitteleuropa	360 Millionen Jahren
Küchenschabe *(Blatta orientalis)*	Mitteleuropa	300 Millionen Jahren
Kragenhai *(Chlamydoselachus anguineus)*	Weltmeere	25 Millionen Jahren
Quastenflosser *(Latimeria chalumnae)*	Komoren, Indonesien	400 Millionen Jahren
Lungenfisch *(Neoceratodus)*	Australien	400 Millionen Jahren
Riesensalamander *(Andrias davidianus)*	Japan	30 Millionen Jahren
Brückenechse *(Sphenodon punctatus)*	Neuseeland	200 Millionen Jahren
Schnabeltier *(Tachyglossus aculeatus)*	Australien	100 Millionen Jahren

DAS WILDSCHWEIN

Bache	weibliches Wildschwein
Basse	starker Keiler
Bürzel	Schwanz vom Wildschwein
Feder	Borsten auf dem Rücken
Frischling	junges Wildschwein
Gebrech	Rüsselscheibe
Gewerf, Gewaff, Gewehre	Hauer
Haken	Hauer des Keilers
Hauer	Eckzahn des Keilers
Keiler	männliches Wildschwein
Kessel	Nest vom Wildschwein
Malbaum	Baum, an dem sich die Tiere bürsten
Neozoe	neu eingebürgerte Wildschweine in den USA, Südamerika, Australien, und Neuseeland
Rauschzeit	Paarungszeit von Ende Oktober bis März
Schwarzwild	das Wildschwein schlechthin
Suhle	Schlammbad

DIE GIFTIGSTEN GEWÄSSER DER ERDE

Gewässer	*Land*	*Giftcocktail*
Aralsee	Kasachstan & Usbekistan	Agent Orange, Herbizide, Pestizide, Düngemittel
Irische See	zwischen Großbritannien und Irland	radioaktiver Müll
Karachay-See	Russland	radioaktiver Müll
Manoun-See	Kamerun	explosives Kohlendioxid
Nyos-See	Kamerun	explosives Kohlendioxid
Rummelsburger See	Deutschland	Schwermetalle, Benzol, Cyanide, PCB, Pestizide
Sarykamyschsee	Usbekistan & Turkmenistan	giftige Abwässer aus der Landwirtschaft, Herbizide, Pestizide
See der Kupfermine von Butte	Kanada	Arsen, Kadmium, Kupfer, Molybden
Troitski-Kratersee	Kamtschatka	reine Säure

LEBEWESEN, DIE DIE MEISTEN MENSCHEN AUF DEM GEWISSEN HABEN

1. Mensch
2. Anopheles-Fliege, überträgt Malaria (1,1–2,7 Mio. Todesfälle pro Jahr)
3. Hund, überträgt Tollwut (40.000–60.000 Todesfälle pro Jahr)
4. Schlangen wie Sandrasselotter, Kettenviper, Kobra, Krait (rund 40.000 Todesfälle pro Jahr)
5. Bienen, Wespen, Stich bewirkt allergische Reaktion
6. Skorpione (rund 5.000 Todesfälle pro Jahr)
7. Krokodile (rund 1.000 Todesfälle pro Jahr)
8. Pferde, Kühe, Schweine (rund 800 Todesfälle pro Jahr)
9. Flusspferd (rund 400 Todesfälle pro Jahr)
10. Tiger, Löwe, Elefant, Büffel (rund 400 Todesfälle pro Jahr)
11. Seewespe (rund 70 Todesfälle pro Jahr)
12. Haie (7–10 Todesfälle pro Jahr)

SCHÖNWETTERWOLKEN – REGENWOLKEN – GEWITTERWOLKEN

1 Haufenwolke *(Cumulus)*
2 Schichtwolke *(Stratus)*
3 Gewitterwolke *(Cumulonimbus)*
4 Regenwolke *(Altocumulus)*
5 Mittelhohe Schichtwolke *(Altostratus)*
6 Schäfchenwolken *(Cirrocumulus)*
7 Hoher Wolkenschleier *(Cirrostratus)*
8 Federwolken *(Cirrus)*

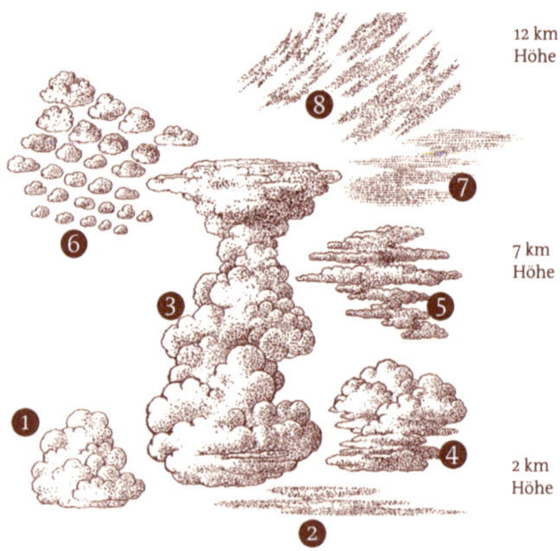

SO WIRD DAS WETTER

Aussicht auf …	*… bei diesen Zeichen*
gutes Wetter	> flimmernde Luft > morgens rosa Wolken am Osthimmel > deutlich sichtbare Milchstraße am Nachthimmel > nachts im geschützten Wald kälter als auf dem offenen Feld > im Winter: stark absinkende Temperaturen > im Sommer: stark ansteigende Temperaturen > bei steigendem Luftdruck wird es wärmer
schlechtes Wetter	> deutlich sichtbare Mondscheibe bei Neumond > tiefblauer Morgenhimmel nach Regen > Regenbogen am Morgen > sehr blasser Himmel > im Sommer: rasch fallende Temperaturen > rote, tiefe Wolken am Morgenhimmel > Abendrot auch am Osthimmel sichtbar
Regen	> blassgelbe oder dunkelrote Luft bei Sonnenuntergang > sehr klare Luft mit guter Fernsicht > kleine, farbige Ringe um Sonne und/oder Mond > schmutziggelbes Abendrot nach Morgenrot > kleine, dunkelblaue Wolken > besonders deutlich hörbare Geräusche
Gewitter	> im Sommer: Morgennebel > besonders stark dampfende Wiesen nach einem Gewitter > springende Fische

WAS SPINNEN ALLES SO MIT IHREN ZWEI PAAR MUNDWERKZEUGEN MACHEN

Kieferklauen (*Cheliceren*) . . .	Injizieren von Gift in die Beute Ergreifen von Beute
Tastwerkzeuge (*Pedipalpen*) …	Ertasten von Beute und Umgebung Schmecken von Nahrung Aufbewahren von Sperma (Männchen) Dienen als zusätzliches Laufbein bei manchen Arten Schöpfen von Wasser

ANZAHL KNOCHEN EINES MENSCHEN

Aus diesen Knochen besteht das menschliche Skelett:

Körperteil	*Anzahl Knochen*
Schädel	8 Schädeldeckenknochen 14 Gesichtsschädelknochen
Wirbelsäule	7 Halswirbel 12 Brustwirbel 5 Lendenwirbel 5 Kreuzbeinwirbel 3–5 Steißbeinwirbel
Schultergürtel	2 Schlüsselbeine 2 Schulterblätter
Brustkorb	24 Rippen (25 Rippen bei 3 % der Männer) 1 Brustbein
Beckengürtel	2 Darmbeine 2 Sitzbeine 2 Schambeine
Arme	2 x 1 Oberarmknochen 2 x 1 Elle 2 x 1 Speiche 2 x 8 Handwurzelknochen 2 x 5 Mittelhandknochen 2 x 14 Fingerknochen
Beine	2 x 1 Oberschenkelknochen 2 x 1 Wadenbein 2 x 1 Schienbein 2 x 1 Kniescheibe 2 x 7 Fußwurzelknochen 2 x 5 Mittelfußknochen 2 x 14 Zehenknochen
Zähne	32 beim Erwachsenen (20 im Milchgebiss der Kinder)
Summe:	235–237 (238)* Erwachsener Mensch 223–225 (226)* Kind

* Die Angaben in Klammern beziehen sich auf die 3% der männlichen Bevölkerung, die eine Rippe mehr besitzen.

13 FAKTEN AUS DER FLATOLOGIE

Flatus (Furz, Pups, Darmwind): Gasansammlungen im Darm

1. Darmgase entstehen bei der Verdauung von organischer Nahrung durch Coli- und Bacteroides-Bakterien.
2. Produzierte Tagesgasmenge im Darm: rund 15 Liter, davon werden 13–14 Liter vom Blut aufgenommen und über die Lungen ausgeatmet, die restliche Menge ergibt Fürze.
3. Normales Tagesvolumen an Flatusgasen eines Menschen: 10–15 x am Tag je 40 Milliliter.
4. Erhöhtes Tagesfurzvolumen nach der Aufnahme von die Gasbildung fördernden Nahrungsmitteln: bis zu 2 Liter.
5. An Flatulenz leiden: Menschen mit mehr als 2 Liter Fürzen oder 25 Furzereignisse pro Tag.
6. Gasgemisch im Furz: Stickstoff, Kohlendioxid, Schwefelwasserstoff, Wasserstoff, Methan.
7. Stinkende Furzgase: nur 1 % der Furzgase; schwefelige Gase wie Schwefelwasserstoff (Geruchsnote: faulige Eier), Methylmercaptan, Indol und Dimethylsulfid (Geruchsnote: Fäkalien; in geringen Konzentrationen riecht Indol nach Blumen wie Jasmin und Neroli).
8. Furzgeräusche: verursacht durch Vibration der Analöffnung, beeinflusst durch Spannung des Schließmuskels, Austrittgeschwindigkeit und Volumen des Furzgases.
9. Furzfördernde Lebensmittel: Hülsenfrüchte (Bohnen, Erbsen, Linsen, Sojabohnen) Zwiebeln, Erdnüsse, Pilze, Kohlgemüse, Sauerkraut und andere ballaststoffreiche Gemüse; bei der Umstellung der Ernährung auf Vollwertkost; wenn ballaststoffreiches Gemüse zusammen mit zuckerhaltiger Nahrung, Obst und Fruchtsäften eingenommen wird.
10. Darmgase sind brennbar und explosiv.
11. Wissenschaft über die Fürze: Flatologie.
12. Flatologie war ursprünglich eine esoterische Wissenschaft; heute gehört sie zu den Wissenschaften Biologie, Chemie und Physiologie.
13. Furzforscher: Flatologe.
14. Interesse an Forschungsarbeiten in Flatologie: Galerien und Kunstmuseen, da Schwefelwasserstoffe in den Flatusgasen die Farben der Gemälde angreifen können – denn schließlich furzen Besucher auch im Museum.
15. In einem Menschenleben erzeugte Menge an Fürzen: 17.520 Liter.

VON HONIG & CO.

Honig	entsteht im Honigmagen der Honigbiene aus Nektar oder Honigtau
Blütenhonig	aus dem Nektar vieler Blütenpflanzen
Sortenhonig	aus dem Nektar einer bestimmten Pflanze, etwa Rapshonig, Lindenhonig, Akazienhonig, Sonnenblumenhonig, Orangenblütenhonig, Thymianhonig, Lavendelhonig, Salbeihonig, Kleehonig
Honigtauhonig	aus dem Honigtau (Kot) von Blattläusen, die auf Tannen und anderen Nadelgehölzen leben, etwa Waldhonig oder Tannenhonig
Kunsthonig	alte Bezeichnung für Invertzuckercreme; industriell hergestellt aus Invertzucker
Türkischer Honig	klebrig süßes Konfekt aus Zucker und Stärke, wird auch weißer Nougat genannt
Pollen	in den sich am Hinterbein der Honigbiene befindlichen Höschen gesammelter Blütenstaub
Propolis	Kittharz, klebriges Baumaterial aus gesammeltem, von den Bienen weiterverarbeitetem Harz von Bäumen; zum Auskleiden der Waben, bei besonderer Gefahr auch der Ein- und Ausfluglöcher, als Schutz vor Giften, Krankheiten und Seuchen
Gelée Royale, Weiselfuttersaft	von jungen Ammenbienen in speziellen Kopfdrüsen hergestelltes Sekret, speziell für die Fütterung der Königinnenlarven
Arbeiterinnenfuttersaft	in Kopfdrüsen hergestelltes Sekret mit dem Arbeiterinnenlarven gefüttert werden
Honigwein, Met	vergorenes alkoholisches Getränk aus Honig, Wasser und Hefe, bis zu 15 Volumenprozent Alkohol

ZAHLEN ZUM HONIG

1 Liter Nektar	ergibt rund 300 Gramm Honig
Füllung der Honigblase	Besuch von 15-100 Blüten
1 gestrichener Teelöffel Honig	Tagesleistung von etwa 25 Honigbienen
500 Gramm Honig	etwa 2 Millionen Blütenbesuche bei einer gesamten Flugstrecke von bis zu 120.000 km

...WILD

Federwild	Fasane, Rebhühner, Birkhühner, Wildenten
Haarwild	jagdbare Säugetiere
Hochwild	Hirsche, Elche, Gämsen, Steinböcke, Bären
Kahlwild	geweihlose weibliche Hirsche und Rehe
Niederwild	Hasen, Rebhühner, Marder
Raubwild	jagdbare Raubtiere und Raubvögel
Rotwild	Hirsche und Rehe
Schalenwild	Rot- und Damhirsch
Schwarzwild	Wildschweine

DIE GIFTIGSTEN TIERE

Die giftigsten Bakterien	*Clostridium botulinum*-Bakterien
Die giftigste Qualle	Seewespe, Australien
Die giftigste Schnecke	Kegelschnecke, tropische Meere
Der giftigste Tintenfisch	Blauringkrake, Australien
Der giftigste Skorpion	Gelber Mittelmeerskorpion, Nordafrika
Die giftigste Spinne	Trichternetzspinne, Australien
Der giftigste Käfer	Spanische Fliege, Europa
Die giftigste Mücke	Fiebermücke *Anopheles*
Die giftigste Wespe	Japanische Riesenhornisse, Japan
Das giftigste Insekt	*Pogonomyrmex maricopa*-Ameise, USA
Der giftigste Fisch	Steinfisch, tropische Meere
Der giftigste Frosch	Schrecklicher Pfeilgiftfrosch, Südamerika
Die giftigste Schlange	Inland-Taipan, Australien
Der giftigste Vogel	Zweifarben-Pitohui, Neu-Guinea
Das giftigste Säugetier	Schnabeltier, Australien
Das giftigste Tier der Erde	Krustenanemone, Hawaii

DIE WICHTIGSTEN ARZNEIPFLANZEN IN DEUTSCHLAND

1	Pfefferminze (Umsatz 2005 über 20 Mio. EUR)
2	Kamille (Umsatz 2005 rund 11 Mio. EUR)
3	Baldrian und Fenchel (Umsätze 2005 je rund 7 Mio. EUR)

NACHWACHSENDE ROHSTOFFE IN DEUTSCHLAND

Auf rund 13% der landwirtschaftlich genutzten Fläche Deutschlands wachsen Industriepflanzen als nachwachsende Rohstoffe. Am wichtigsten sind die Ölpflanzen. Es folgen die Energiepflanzen und die Stärkepflanzen.

Pflanzen	*In Deutschland angebaute Pflanzen*		*Anmerkung*
Stärkepflanzen	Erbsen Kartoffel	Mais Weizen	jährlicher industrieller Bedarf an Stärke rund 640.000 Tonnen
Zuckerpflanzen	Zuckerrüben		jährlicher industrieller Bedarf rund 240.000 Tonnen Zucker
Faserpflanzen	Faserlein Fasernessel	Hanf Kenaf	für Textilindustrie, Zellstoffherstellung, Automobilindustrie (Verbundwerkstoffe), Dämmstoffe
Arzneipflanzen	Baldrian Diät-Lein Dill Fenchel Herbstzeitlose Holunder Johanniskraut Kamille Kümmel Majoran	Mariendistel Meerrettich Nachtkerze Petersilie Pfefferminze Ringelblume Sanddorn Schnittlauch Sonnenhut Thymian	für Salben, Tees, Öle und Extrakte
Färberpflanzen	Färberwaid Saflor		für Textilfarben, Innenanstrichfarben, Kinder-Malfarben, gefärbtes Kinderspielzeug, Färben von Leder, Papier und Lebensmitteln
Ölpflanzen	Raps Krambe Leindotter	Mohn Öllein Sonnenblume	für Biodiesel und als Pflanzenölkraftstoff, für die Herstellung von Tensiden für Wasch- und Reinigungsmittel, Pharmaka und Kosmetika, für die Herstellung von Schmierstoffen und Hydraulikölen
Proteinpflanzen/ Eiweißpflanzen	Ackerbohne Eiweißerbse Lupine		für die Papier- und Verpackungsindustrie, für die Herstellung von Leim oder Kleber, als biologisch abbaubare Werkstoffe
Energiepflanzen	Fichte Kiefer Buche Eiche	Balsampappel Weidenarten Triticale Chinaschilf	zur Energiegewinnung

LEBEN AUF STERBLICHEN ÜBERRESTEN

Je nach dem Verwesungs– oder Fäulniszustand besiedeln unterschiedliche Insekten eine Leiche. Der forensische Entomologe kann anhand der Arten und dessen Entwicklungszustand (Eier, Larven, Puppen oder erwachsene Tiere) Rückschlüsse etwa auf Liegezeiten von Toten und skelettierten Leichen oder dem Zustand der Leiche bei der Beerdigung schließen.

Insektenfamilie	*frische Leiche*	*gasgeblähte Leiche*	*zerfallene Leiche*	*ausgetrocknete Leiche*
erwachsene Schmeißfliegen *(Calliphoridae)*	+	++	++	–
Schmeißfliegenlarven	+	++	+	–
erwachsene Gewöhnliche Fliegen *(Muscidae)*	+	++	++	–
Gewöhnliche Fliegenlarven	–	++	++ (nur zu Beginn des Zerfalls)	+
erwachsene Fleischfliegen *(Sarcophagidae)*	+	++	++	+
Fleischfliegenlarven	–	++	++	+
erwachsene Aaskäfer *(Silphidae)*	–	++	++ (nur zu Beginn des Zerfalls)	–
Aaskäferlarven	–	–	++ (am Ende des Zerfallstadiums)	+ (zu Beginn der Austrocknung)
erwachsene Kurzflügler *(Staphylinidae; Käfer)*	–	++	++	–
Kurzflüglerlarven	–	–	++ (am Ende des Zerfallstadiums)	++ (zu Beginn der Austrocknung)
erwachsene Speck- und Pilzkäfer *(Dermestidae)*	–	+	++	++
Speck- und Pilzkäferlarven	–	–	+ (am Ende des Zerfallstadiums)	++

++ häufig
+ wenig bis vereinzelt
– gar nicht

BEISSSTATISTIK BERLIN 2002

Anzahl der registrierten Fälle für verschiedene Hunderassen, bei denen Menschen verletzt oder gefährdet wurden.

Mischlinge	357
Schäferhund	216
unbekannte Rasse	120
Rottweiler	96
Terrier	50
American Staffordshire-Terrier	38
Pitbull	30
Dackel, Dobermann	je 25
Cocker Spaniel	20
Schnauzer	19
Labrador	15
Boxer, Golden Retriever, Spitz	je 12
Collie	11
Dogge, Hovawart, Husky	je 9
Neufundländer	5
Berner Sennenhund, Bobtail, Kaukasier, Malteser, Rhodesian Ridgeback	je 4
Bernhardiner, Dalmatiner, Hirtenhund, Jagdhunde, Pudel	je 3
Irish Setter, Münsterländer, Rehpinscher	je 2
Basset, Beagle, Bordeaux Dogge, Briard, Bullterrier, Chow-Chow, Pekinese, Windhund, Yorkshire	je 1

Summe: 1140

WAS WESPEN AM FRÜHSTÜCKSTISCH NASCHEN

Für wen und was	*Speisen am Frühstückstisch*
Flugbenzin für die erwachsenen Wespen	Süßes: Marmelade, Honig, Zuckerguss
Nahrung für die Larven	Fleisch: Schinken, Wurst
Für den Wohnungsbau	graues, vergilbtes Holz an Bänken, Stühlen und Tischen

„EHEFORMEN" VON EULEN IN ATHEN

Schleiereule (jedes Jahr eine neue), Steinkauz (Dauerehe), Waldkauz (Dauerehe), Waldohreule (jedes Jahr eine neue), Jungohreule (jedes Jahr eine neue)

DIE HALLIGEN

Die zehn, zwischen 7 und 960 Hektar großen Inseln der Halligen liegen vor der nordfriesischen Küste:

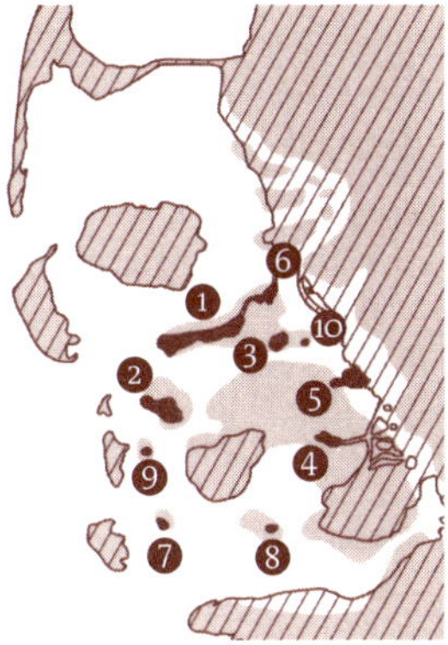

1 Langeneß (960 ha)
2 Hooge (570 ha)
3 Gröde (277 ha)
4 Nordstrandischmoor (175 ha, früher 500 ha)
5 Hamburger Hallig (110 ha)
6 Oland (100 ha)
7 Süderoog (60 ha)
8 Südfall (50 ha)
9 Norderoog (7,8 ha)
10 Habel (3,6 ha, früher 100 ha)

— heute 2006 ▒ im Jahr 1650

DIE SONNIGSTEN ORTE

Wenn das Wetter mal wieder allzu grau und trüb daher kommt, empfiehlt sich der Blick auf die sonnigsten Orte der Welt.

Der sonnigste Ort in Deutschland .... *Insel Hiddensee* (durchschnittlich 1.850 Stunden pro Jahr)
Die sonnigsten Regionen in Deutschland .... *Oberrhein, Ostsee*
Der sonnigste Ort der Erde .... *Yuma* (USA, Arizona; durchschnittlich 4.040 Stunden pro Jahr)

DIE GIFTIGSTEN PFLANZEN UND PILZE EUROPAS

Der giftigste Baum .... Eibe
Die giftigste Pflanze .... Blauer Eisenhut
Der giftigste Pilz .... Grüner Knollenblätterpilz
Die giftigste Zierpflanze .... Rizinus

5.300.000 HUNDE LEBEN IN DEUTSCHLAND

Jahresumsatz Hundezubehör	1.800.000.000 €
Jahresumsatz Hundefertigfutter	950.000.000 €
Jahresumsatz Tierarztpraxen durch Hund	700.000.000 €
Jahresumsatz Züchter durch Welpen	390.000.000 €
Staatliche Einnahmen Hundesteuer pro Jahr	220.000.000 €
Jahresumsatz Medikamente für Hund	150.000.000 €
Jahresumsatz Tierhaftpflichtversicherung	140.000.000 €
Jahresumsatz Hundesalons, Hundepensionen	76.000.000 €
Jahresumsatz Hundebücher und -zeitschriften	75.000.000 €
Anzahl Hunde mit Haftpflichtversicherung	2.600.000
Urin, den Hunde jährlich pieseln	2.700.000 Liter
Kot, den Hunde jährlich ausscheiden	1.600.000 kg
Von Züchtern verkaufte Welpen pro Jahr	500.000
Arbeitsplätze in der Hundebranche	100.000
Kleintierpraxen	14.000
Polizei- und Diensthunde im Einsatz	5.000
Briefträger, die pro Jahr von Hunden gebissen werden	3.000
Blindenhunde	2.200
Rettungs- und Therapiehunde	2.000
Hundesalons	1.350
Jährliche Ausgaben für einen Hund	bis zu 1.000 €
Kaufpreis Rassewelpen	1.000 €
Beschäftigte in den Hundeschulen	900
Hundegrab bei 5 Jahre Laufzeit	900 €
Hundeschulen	750
Von der FCI (Féderation Cynologique International) anerkannten Hunderassen	338
Hundepensionen	250
Schutzgebühr beim Erwerb eines Hundes im Tierheim	bis zu 200 €
Tierfriedhöfe	120
Tierbestatter	80
Komplettbehandlung im Hundesalon	45 €
Ein Tag in der Hundepension	16 €

DER ABSOLUTE NULLPUNKT

$-273{,}15\ ^\circ C \triangleq 0$ Kelvin

„BLINDE PASSAGIERE" IM BALLASTWASSER

40.000 hochseetüchtige Schiffe sind auf allen Weltmeeren unterwegs. Sie transportieren rund 12 Milliarden Tonnen Ballastwasser. Darin tummeln sich zahlreiche „blinde Passagiere" – von giftigen Einzelleralgen über Muscheln bis hin zu Krebstieren. Seit 1990 haben sich in der Nordsee rund 80 exotische Arten etabliert – oft zum Schaden der bisher dort lebenden Pflanzen und Tiere. Dazu zählen:

Art	*ursprüngliche Heimat*	*in der Nordsee etabliert seit*
Caprella acanthogaster (Flohkrebs)	Indopazifik	1995
Chatonella-Arten (Algen, giftig – verantwortlich für Lachssterben in Norwegen	Indik	*1991*
Corophium sextonae (Flohkrebs)	Südpazifik	1997
Crassostrea gigas (Pazifische Auster – verdrängt heimische Gourmetauster)	Asien	1991
Hemigrapsus sanguineus (Krabbe)	Asien	1999
Hemigrapsus penicillatus (Krabbe; Konkurrent der heimischen Strandkrabbe)	Asien	1998
Pfiesteria piscicida (Einzelleralge, Killeralge, giftig – verursacht red tides)	Pazifik	2002
Paralithodes camtschaticus (Krabbe, bis zu 2 m groß)	Asien	1992

DARAN IST EINDEUTIG EIN INSEKT ZU ERKENNEN

1. sechs Beine
2. dreigeteilter Körper mit Kopf, Brust und Hinterleib
3. Mundwerkzeuge am Kopf

SECHS X SEX

EIN X SEX

Männchen mancher Spinnen haben in ihrem Leben nur einmal Sex – fliehen sie dann nicht eiligst davon, werden sie sogar vom Weibchen aufgefressen.

ZWEI X SEX

Tausendfüßer umschlingen das Weibchen mit 250 Beinen und – zwei Penissen.

DREI X SEX

Nur drei Sekunden dauert ein Quicky bei den Schimpansen – so schnell schafft es sonst keiner! Und Koalabären haben nur dreimal im Jahr für jeweils 40 Sekunden rauen Sex.

VIER X SEX

Vier Wochen dauert das Vorspiel bei den Pinguinen, bevor es erst richtig losgeht.

FÜNF X SEX

Zehnmal so viel Sex haben manche Löwenmännchen am Tag – ob immer mit derselben Löwin steht in den Sternen.

SECHS X SEX

Austern können, wenn sich die Wassertemperatur ändert, sechs Mal im Leben ihr Geschlecht wechseln – und haben mal als Männchen, mal als Weibchen Sex.

SECHS GRÜNDE, WARUM PILZE KEINE PFLANZEN SIND

1 ...... Die Zellwände der Pilze bestehen aus Chitin, nicht aus Zellulose.
2 .... Pilze besitzen kein Chlorophyll und können keine Zuckerverbindungen aus Kohlendioxid und Wasser synthetisieren.
3 .... Die Zellen der Pilze sind relativ einfach aufgebaut.
4 .... Pilze vermehren sich über Sporen.
5 .... Pilze besitzen keine Wurzeln, Sprosse und Blätter.
6. . . Pilze bilden neben dem Tier- und Pflanzenreich das Reich der Pilze.

WIE WEIT MÜSSTE EIN MENSCH SPRINGEN, WENN ER EIN FLOH WÄRE?

Tierische Leistungen	*Vergleichbare Leistung eines Menschen wäre…*
Sprungleistung eines Flohs	600 Mal in einer Stunde über den Kölner Dom springen
Trageleistung einer Ameise	einen VW Passat tragen
Gewichtszunahme eines Wolfbabys in den ersten 6 Lebensmonaten	in den ersten 6 Lebensmonaten 87 kg Körpergewicht zulegen
Laufgeschwindigkeit einer Küchenschabe	1.000 m in 14,5 Sekunden laufen
Lautstärke, wenn sich Blauwale unterhalten	lauter als ein Düsenjet sprechen
Riechleistung eines Seidenspinnerschmetterlings	die Geliebte in einer Entfernung von 11 km riechen
Sehleistung eines Falken	aus 30 m Entfernung Zeitung lesen
Gewichtszunahme eines Kängurus von Geburt bis zum erwachsenen Tier	als erwachsener Mensch 180.000 kg wiegen
Jährliche Flugleistung einer Küstenseeschwalbe	jährlich 180.000 km Strecke aus eigener Kraft zurücklegen
Nahrungsbedarf einer Spitzmaus	jeden Tag 70 kg Nahrung zu sich nehmen

ORTE MIT DEM STRAHLENDSTEN HIMMELSBLAU

Die Wissenschaftlerin Anya Hohnbaum legte über 100.000 km zurück, um an verschiedenen Orten auf der ganzen Welt mit dem Kolorimeter die Lichtstärke für das Blau des Himmels zu bestimmen. Ihr Ergebnis:

1 .... Der Himmel über Rio de Janeiro, Brasilien hat die intensivste Färbung, die größte Klarheit und das strahlendste Blau der Erde!
2 .... Der Himmel über Neuseeland
3 .... Der Himmel über Australien

WAS IST MANNA?

1. Himmelsspeise in der Bibel, die nachts vom Himmel fiel und morgens den hungrigen Israeliten auf ihrem Weg durch die Wüste als Nahrung diente.
2. Süße Ausscheidungen (Honigtau) von Schildläusen, die auf der Manna-Tamariske *(Tamarix mannifera)* leben.
3. Thallus (Körper einer Flechte) der essbaren Manna-Flechten *(Lecanora esculenta)*.
4. Blutungssaft (Harz) der Manna-Esche *(Fraxinus ornus)*, wirkt als Droge abführend.
5. Anderer Name für die in Ägypten kultivierte Röhrenkassie *(Cassia fistula)* bzw. deren Früchte.
6. Das Königreich der Mannäer, auch Mannai genannt, während der Eisenzeit auf dem Gebiet des heutigen Iran.

❧

DIE RAUMSTATION ISS

In 386 km Höhe umkreist die Internationale Raumstation ISS die Erde. Nach Mond und Venus ist sie das dritthellste Objekt am Abendhimmel. Auf ihrem Flug kann sie, wie andere künstliche Himmelsobjekte auch, nur im Morgengrauen und in der Abenddämmerung gesehen werden. Dann ist es auf der Erde schon dunkel, während die ISS noch von der Sonne angestrahlt wird. Nachts oder tagsüber ist sie mit bloßem Auge nicht sichtbar.

BEOBACHTUNGSTIPPS ISS:

- sichtbar als sehr heller Lichtpunkt, der sich langsam am Himmel bewegt
- blinkt nicht, sondern ist gleichmäßig hell
- verschwindet ganz plötzlich dann mitten am Himmel, wenn die Sonnenstrahlen sie nicht mehr erreichen
- Sichtbarkeit 1–3 Minuten pro Überflug
- besser: mit Fernglas oder Feldstecher beobachten
- spektakulärer Anblick im Fernglas, wenn die ISS Wasser ablässt (tägliche Termine auf der NASA-Homepage nachschauen)
- auf der Webseite www.heavens-above.com werden für Großstädte in allen Ländern der Erde die täglichen Sichtungszeiten der ISS und anderer Satelliten angegeben

FRÜCHTE AUS BOTANISCHER SICHT

Balgfrucht	Macadamianuss
Beere	Aubergine, Avocado, Banane, Blaubeere, Dattel, Gurke, Johannisbeere, Kürbis, Limette, Mandarine, Melone, Orange, Tomate, Weintraube, Zitrone
Beerenverband	Ananas
Hülsenfrucht	Bohne, Erbse, Erdnuss
Kapsel	Paranuss
Nuss	Haselnuss
Nussverband	Buchecker, Esskastanie
Sammelnussfrucht	Erdbeere
Steinfrucht	Himbeere, Kaffee, Kirsche, Kokosnuss, Mango, Pfirsich, Pflaume, Walnuss
Steinfruchtverband	Feige

KNOLLE ODER RÜBE

Knolle		*Rübe*	
nur ein Organ ist an der Verdickung des Speicherkörpers beteiligt		Spross und Wurzel sind an der Verdickung des Speicherkörpers beteiligt	
Wurzelknolle	*Sprossknolle*	*Wurzelrübe*	*Sprossrübe*
=verdickte Wurzel	=verdickter Spross	=mehr Wurzel ist beteiligt, größter Teil im Boden	=mehr Spross ist beteiligt, größter Teil übem Boden
Batate, Maniok	Kartoffel, Radieschen, Kohlrabi,	Zuckerrübe, Radi, Möhre	Futterrübe, Rote Bete

HIRSCHKUHS LISTE DER PERFEKTEN EIGENSCHAFTEN EINES MÄNNLICHEN ROTHIRSCHS

- ☐ ..... Das größte Harem
- ☐ ..... Das lauteste Röhren
- ☐ ..... Das größte Geweih
- ☐ ..... Nimmt es erfolgreich mit allen anderen Hirschstieren auf
- ☐ ..... Viele andere Hirschkühe, die ihn auch wollen

LUFTREINIGUNG DURCH PFLANZEN

Manche Pflanzen reinigen die Atemluft, weil sie für den Menschen schädliche Stoffe aus der Luft aufnehmen und für ihr eigenes Wachstum nutzen – im Gegenzug produzieren sie Sauerstoff.

Pflanze	*Wirkung*
Efeu, Einblatt, Drachenbaum, Efeutute	verringert Benzoldämpfe von Autoabgasen, Tabakrauch und Putzmitteln
Echte Aloe, Grünlilie, Baumfreund, Drachenbaum, Efeutute	reduziert Formaldehyd aus Spanplatten und Isolierschaum
Einblatt, Drachenbaum, Gerbera, Chrysanthemen	filtern Trichlorethylen aus Lacken, Fleckwasser, chemisch gereinigter Kleidung
Grünlilie, Efeutute	bauen Kohlendioxid aus der Luft ab
Philodendron, Drachenbaum, Bogenhanf, Kolbenfaden	erstklassige Luftreiniger, entfernen vor allem Formaldehyd, Benzol und Kohlenmonoxid aus der Luft

LIANEN IN MITTELEUROPA

Efeu *(Hedera helix)*
Waldrebe *(Clematis vitalba)*
Weinrebe *(Vitis silvestris)*

DER KLEINSTE BAUM DER WELT

KRAUT-WEIDE *(Salix herbacea)*
Höhe: nur 2 – 10 cm
Lebensraum: Rasen-, Fels- und Geröllflur in den Alpen
Wuchs: dicht am Boden mit unterirdischen Ästen und Zweigen
Krone: klein, wird meist nur aus zwei rundlichen Blättern gebildet
Blüte: bis zu 1,5 cm lange Kätzchen, blühen nach der Blattentfaltung
Biologie: sommergrün, wächst in größeren Gruppen
Futterpflanze: für Raupen des Bläulichen Heidelbeer-Blattspanners
Zeigerpflanze: für Halblicht, Kälte, Feuchte, Stickstoffarmut

BRUTBESTAND VÖGEL IN MITTELEUROPA

zunehmender Bestand	*abnehmender Bestand*
Alexandersittich	Alpenstrandläufer
Bienenfresser	Bekassine
Brandseeschwalbe	Blauracke
Graugans	Großtrappe
Kranich	Kampfläufer
Rohrweihe	Rötelfalke
Rostgans	Rotkopfwürger
Seeadler	Sumpfohreule

WALE UND DELFINE IM MITTELMEER

19 von weltweit 80 Arten werden im Mittelmeer gesichtet:

BARTENWALE	
Finnwal	häufig
Zwergwal	gelegentlich
Seiwal	selten
Buckelwal	selten
Nordkaper	selten

ZAHNWALE	
Pottwal	häufig
Cuvier-Schnabelwal	häufig
Gewöhnlicher Grindwal	häufig
Gewöhnlicher Delfin	häufig
Großer Tümmler	häufig
Rundkopf-Delfin	häufig
Blau-Weißer Delfin	häufig
Schwertwal	gelegentlich
Kleiner Schwertwal	gelegentlich
Rauhschnabeldelfin	gelegentlich
Chinesischer Buckeldelfin	selten
Schweinswal	selten
Kleiner Pottwal	zufällig
Brainville-Schnabelwal	zufällig

FREUNDE DES GÄRTNERS: NÜTZLINGE IM GARTEN

Lausfeinde	Florfliege, Marienkäfer, Ohrwurm, Raubmilben, Schlupfwespen, Schwebfliegen
Blütenbestäuber	Wildbienen
Humusmacher	Regenwurm
Nacktschneckenfresser	Erdkröte, Igel, Laufkäfer, Spitzmäuse
Raupenvertilger	Igel, Meisen, Rotschwänze, Spechte und viele andere Singvögel
Stechmückenjäger	Fledermäuse, Spinnen

DAS „BARISCHE WINDGESETZ"

Kehrt man dem Wind den Rücken zu, so liegt in Blickrichtung des Beobachters links vorne das Tief und rechts hinten das Hoch.

DIE RICHTIGE HALTUNG WÄHREND EINES GEWITTERS

Wenn ein Blitz einschlägt, jagen bis zu 300.000 Ampere in den Boden. Selbst 20 m vom Einschlagort entfernt, fließt noch Strom. In den meisten Fällen endet ein direkter Blitztreffer für Mensch und Tier tödlich. Nur in Ausnahmefällen überleben Blitzschlaggetroffene dieses Ereignis mit schweren Verbrennungen, Herzrythmusstörungen und dauerhaften Lähmungserscheinungen. Damit kein gefährlicher Stromstoß durch den menschlichen Körper fließt, darf man sich während eines Gewitters im freien Feld weder flach auf den Boden legen noch breitbeinig stehen oder gehen. Badegewässer sollte man beim Herannahen eines Gewitters sofort verlassen.

DIE BESTE HALTUNG IST:
Tief in die Hocke gehen, die Arme um die Beine halten und beide Füße ganz eng beieinander auf den Boden stellen.

ZUM TROST:
Ein Gewitter über einem Ort dauert nie länger als 20 Minuten!

DIE BESTEN NÄCHTE FÜR STERNSCHNUPPENJÄGER

Geraten Splitter von Meteoriten in die Atmosphäre der Erde, verglühen sie als Sternschnuppen in einer leuchtenden Bahn. In normalen Nächten sind etwa zehn Sternschnuppen in einer Stunde zu beobachten. Wenn sich die Erde auf ihrer Umlaufbahn um die Sonne durch ein Meteoritenfeld bewegt, sind besonders viele Sternschnuppen zu sehen:

1.–6. Januar	Quadrantiden: 100–200 Sternschnuppen pro Stunde
1.–8. Mai	Eta Aquariden: bis zu 60 Sternschnuppenin der Stunde
15. Juli–18. August	südliche Delta Aquariden: die schönsten Sternschnuppen
14.–28 Oktober	Orioniden: bis zu 40 Sternschnuppen pro Stunde
15.–19. November	Leoniden: viele, außerordentlich schnelle Sternschnuppen
7.–15. Dezember	Geminiden: rund 60 Sternschnuppen pro Stunde

BAUMGRENZEN

Gebirge	*Höhe der Baumgrenze*
Ural, Russland Nordseite	300 m
Skandinavisches Gebirge, Schweden	400 m
Fiordland, Neuseeland	1.000 m
Ural, Russland Südseite	1.300 m
Alpen, Europa Nordseite	1.500 m
Kaukasus, Russland	2.000 m
Alpen, Europa Südseite	2.200 m
Hawaii	2.800 m
Nordalpen, Japan	2.900 m
Kilimandscharo, Tansania	3.000 m
Sierra Nevada, USA Westseite	3.200 m
Talamanca-Gebirge, Costa Rica	3.400 m
Anden, Argentinien	3.500 m
Sierra Nevada, USA Ostseite	3.600 m
Sierra Madre, Mexiko	4.000 m
Himalaya, Asien	4.400 m

DIE 10 SCHMUTZIGSTEN ORTE DER WELT

Ort	*Verschmutzer*	*Giftcocktail*
Bajos de Haina, Dominikanische Republik	Herstellung und Recycling von Autobatterien	Blei
Dalnegorsk und Rudnaya Pristan, Russland	Abbau von Blei aus Mine und Bleihütte	Blei, Cadmium, Quecksilber, Antimon
Dserschinsk, Russland	Hauptproduktionsstätte für chemische Waffen während des Kalten Kriegs	Senfgas, Blausäure, Phosgen, Dioxine, Arsentrioxid und rund 190 andere Gifte
Kabwe, Republik Sambia	Abbau von Bleierz	Blei, Cadmium
La Oroya, Peru	Bergbau: Abbau von Blei, Kupfer, Zink und Silber	Zink, Schwefeldioxid, Kupfer, Arsen, Cadmium
Linfen, China	Kohleindustrie, illegale und unkontrollierte Minen, Stahlfabriken, Teerraffinerien	Arsen, Blei, Kohlenmonoxid, Stickoxide, flüchtige organische Verbindungen
Mailuu-Suu, Kirgisien	Abbau von Uranerz	Abraumhalden, radioaktiver Müll
Norilsk, Russland	Schwermetall verarbeitende Industrie	Schwefeldioxid, radioaktives Strontium-90 und Cäsium-137, Schwermetalle, Feinstaub, Stickstoffoxide, Kohlenstoffoxide und Phenole
Ranipet, Indien	Chemikalien für das Gerben von Leder produzierender Industrie	Abfallhalden mit giftigen Chemikalien aus der Produktion
Tschernobyl, Ukraine	Super-Gau eines Atomreaktors	Uran, Plutonium, radioaktives Jod, Cäsium-137, Strontium und andere radioaktive Stoffe

MEILENSTEINE IN DER MENSCHHEITSGESCHICHTE

Älteste Vorfahren der Menschen	vor 5 Millionen Jahren
Älteste Steinwerkzeuge	vor 2,5 Millionen Jahren
Älteste Belege für Jägertum	vor 2 Millionen Jahren
Älteste Belege für den Bau von Hütten	vor 1,8 Millionen Jahren
Ältester Urmensch, der außerhalb von Afrika lebte	vor 1 Million Jahren
Ältester Urmensch in Europa	vor 600.000 Jahren
Älteste Belege Feuerstelle	500.000 Jahre
Älteste Belege für den regelmäßigen und häufigen Gebrauch von Feuer	200.000 Jahre
Älteste Belege für menschliche Sprache	vor 100.000 Jahren
Ältestes Grab	40.000 Jahre
Älteste Belege für Ackerbau	vor 8.000 Jahren
Älteste Schrift	5.500 Jahre
Ältester Webstuhl	4.000 Jahre
Ältestes Alphabet	3.000 Jahre

PFLANZEN MIT ESSBAREN BLÜTEN

Bärlauch *(Allium ursinum)*
Borretsch *(Borago)*
Dill *(Anethum graveolens)*
Duftnessel *(Agastache)*
Fenchel *(Foeniculum vulgare)*
Flammenblume *(Phlox)*
Funkie *(Hosta)*
Gänseblümchen *(Bellis perennis)*
Hibiskus, Malve *(Malvaceae)*
Indianernessel *(Monarda)*
Kapuzinerkresse *(Tropaeolum majus)*
Kürbis *(Cucurbita)*
Lavendel *(Lavendula)*
Mädesüß *(Filipendula ulmaria)*
Margerite, Chrysantheme *(Chrysanthemum)*
Nachtkerze *(Oenothera)*
Nachtviole *(Hesperis matronalis)*
Nelken *(Dianthus)*
Ochsenzunge *(Anchusa azurea)*
Portulak *(Montia sibirica)*
Ringelblume *(Calendula officinalis)*
Salbei *(Salvia)*
Schlüsselblume *(Primula eliator, Primula veris)*
Schnittlauch *(Allium schoenoprasum)*
Taglilie *(Hemerocallis)*
Tripmadam *(Sedum reflexum)*
Veilchen, Stiefmütterchen *(Viola)*
Vergissmeinnicht *(Myosotis)*
Zucchini *(Cucurbita)*

VORFRÜHLING & CO.

DER VORFRÜHLING (SPÄTWINTER)
> beginnt mit der Blüte von Schneeglöckchen, Märzenbecher und Haselnuss
> endet mit der Blüte der Salweide

DER ERSTFRÜHLING
> beginnt mit der Blüte von Forsythie, Stachelbeere, Kirsche, Pflaume, Birne, Schlehe und Ahorn sowie der Entfaltung der Blätter von Buche und Birke
> endet mit Laubentfaltung von Ahorn, Linde und Rotbuche

DER VOLLFRÜHLING
> beginnt mit der Blüte von Apfel, Flieder und Rosskastanie, der Entfaltung der Blätter von Eiche und Hainbuche sowie der Rückkehr des Kuckucks
> endet mit der Holunderblüte

DER FRÜHSOMMER (VORSOMMER)
> beginnt mit der Blüte von Holunder, Roggen, Robinie sowie dem Höhepunkt der Blüte auf Wiesen und Getreidefeldern
> endet mit der ersten Heumahd

DER HOCHSOMMER
> beginnt mit der Blüte der Linde sowie der Fruchtreife von Johannisbeeren und Winterroggen
> endet mit der Blüte des Heidekrauts

DER SPÄTSOMMER
> beginnt mit der Blüte der Heide sowie der Fruchtreife früher Apfelsorten und der Eberesche
> Zeit der Getreideernte und der zweiten Heumahd

DER FRÜHHERBST
> beginnt mit der Blüte der Herbstzeitlosen sowie der Fruchtreife von Holunder und Birnen
> Höhepunkt der Obsternte
> endet mit der Fruchtreife der Hauszwetschken

DER VOLLHERBST
> beginnt mit der Verfärbung des Laubes, Fruchtreife von Rostkastanie, Eicheln, Bucheckern und Wallnüssen
> Zeit der Kartoffel- und Zuckerrübenernte

DER SPÄTHERBST (VORWINTER)
> beginnt mit dem Laubfall, vor allen von der Rostkastanie, Wintergetreide geht auf
> Abschluss der Vegetationsperiode und Beginn der Ruheperiode

DER HOCHWINTER
> beginnt mit der Blüte von Winterjasmin, Zaubernuss und Seitelbast
> Zeitraum zwischen dem Ende der Vegetationsperiode und der Haselblüte

MASSENSTERBEN IN DER ERDGESCHICHTE

In der Erdgeschichte gab es mindestens vier große Massensterben, bei denen die meisten Tier- und Pflanzenarten ausstarben. Verursacht wurden diese Massensterben durch starke Klimaänderungen in kurzer Zeit, Auswirkungen der Kontinentaldrift, umfangreiche Vulkanausbrüche, auch durch den Einschlag eines riesigen Meteoriten. Dies ereignet sich alle 500.000 – 100.000 Jahre.
Nach einem Massensterben dauerte es 5–15 Millionen Jahre, bis es wieder blühendes Leben auf der Erde gab. Das sah natürlich anders aus als zuvor.

Rang	*Wann?*	*Was geschah?*	*Wer fiel zum Opfer?*
1	Perm-Trias-Grenze (vor 248 Millionen Jahren)	der Superkontinent Pangäa zerbrach; evtl. schlug ein Meteorit auf der Erde ein; 70 % aller Arten starben aus	> viele Ammonitenarten > viele Seelilienarten > fast alle Korallen > fast alle Planktonarten > viele Fischarten
2	Ordovizium-Silur-Grenze (vor 443 Millionen Jahren)	ein Gammablitz nach einer kosmischen Sternenexplosion erreichte vermutlich die Erde und zerstörte deren Ozonschicht; fast 60 % aller Arten sterben aus	> viele Meerestiere, > viele Trilobiten > viele Tierstämme mit „bizarren“ Bauplänen
3	Trias-Jura-Grenze (vor 206 Millionen Jahren)	ein großer Meteorit schlug auf der Erde ein, verursachte eine gewaltige Flutwelle wie nach einem Seebeben der Stärke 20; fast 50 % aller Arten starben aus	> alle Placodontier (riesenschildkrötenähnliche Meeresreptilien) > fast alle Therapsiden (säugetierähnliche Reptilien)
4	Kreide-Tertiär-Grenze (vor 65 Millionen Jahren)	ein 10 km großer Meteorit schlug in Yucatan (Mexiko) ein und verursachte monatelange Dunkelheit, zudem heftiger Vulkanismus; rund 45 % aller Arten sterben aus	> fast alle Dinosaurier > alle großen Meeresreptilien > alle Ammoniten > alle Belemniten > zahlreiche Muscheln

DAUER VON SOMMER- UND WINTERHALBJAHR

AUF DER NORDHALBKUGEL

Dauer des Sommerhalbjahres	186 Tage und 10 Stunden
Dauer des Winterhalbjahres	178 Tage und 20 Stunden

AUF DER SÜDHALBKUGEL

Dauer des Sommerhalbjahres	178 Tage und 20 Stunden
Dauer des Winterhalbjahres	186 Tage und 10 Stunden

PFLANZEN, DIE TIERE VERTREIBEN

Pflanze	*vertreibt*	*womit?*
Kaiserkrone *(Fritillaria imperialis)*	Wühlmäuse	stinkende Zwiebeln
Lavendel *(Lavandula)*	Rosen- und andere Blattläuse	Duft nach Lavendel
Moskitopflanze *(Agastache cana)*	Stechmücken	Duft nach Orangenthymian, den Mücken nicht mögen
Moskito-Schocker (Duftgeranie)	Stechmücken	Duft nach Zitronenthymian, der Mücken fernhält
Narzissen (Osterglocken, *Narcissus*)	Wühlmäuse	giftige Zwiebeln
Verpiss-dich-Pflanze (Harfenstrauch, *Plectranthus caninus*)	Hunde, Katzen, Kaninchen	Katerurin ähnelnde Duftstoffe

WURMGOLD

So heißt der beste Bio-Dünger für Topfpflanzen. Regenwürmer produzieren ihn, wenn sie sich durch den Erdboden fressen. Wie kleine braune Spaghettihäufchen liegt dieser nährstoffreiche Auswurf von Regenwürmern auf feuchten Wiesen und Rasenflächen. Dort können Sie ihn einsammeln, trocknen und fein zerbröselt als Streudünger Ihren Topfpflanzen reichen. Wurmgold ist siebenmal reicher an Stickstoff, sechsmal reicher an Magnesium, dreimal reicher an Kali und doppelt so reich an Phosphor und Kalk als die beste Gartenerde.

BERÜHMTE KOMETEN

Kurzperiodische Kometen umlaufen in bis zu 200 Jahren einmal die Sonne, während langperiodische Kometen deutlich längere Umlaufzeiten haben oder nach einem Umlauf um die Sonne im Weltall verschwinden. Herkunftsort der Kometen ist die 0,5–2 Lichtjahre entfernte Oortsche Wolke.

Donati: mit einem stark gekrümmten Schweif und einer Umlaufperiode von etwa 2.000 Jahren auf einer stark exzentrischen Bahn; wurde am 2. Juni 1858 vom italienischen Astronom Donati entdeckt.
Encke: mit nur 3,3 Jahren die kürzeste Umlaufzeit aller bekannten Kometen; kann aber nur mit optischen Geräten beobachtet werden.
Hale Bopp: gilt als der meistbeobachtete Komet des 20. Jahrhunderts; war 1996–1997 über mehr als 18 Monate mit bloßem Auge am Himmel sichtbar; bei einer Umlaufzeit von 2.540 Jahren wird er das nächste Mal um das Jahr 4535 von der Erde aus sichtbar sein.
Halley: Komet mit einer Periode von 76 Jahren, der 2062 wieder in Erdnähe auftauchen wird; er war der erste Komet, dessen periodische Umlaufzeit berechnet wurde; 1986 näherte sich ihm die europäische Raumsonde Giotto bis auf 500 km Entfernung.
Hyakutake: war ebenfalls 1996 sichtbar und zog in nur 1,5 Millionen km Entfernung an der Erde vorbei; langperiodischer Komet mit einer Umlaufzeit um die Sonne von 114.000 Jahren.
Shoemaker Levy 9: zerbrach in Jupiternähe in viele Einzelteile, die im Juli 1994 in dessen Atmosphäre einschlugen.
Tempel 1: auf seiner Oberfläche schlug im Juli 2005 im Rahmen der Deep Impact Mission der NASA ein kühlschrankgroßes, 372 kg schweres Objekt mit einer Geschwindigkeit von 10 m/s ein; die entstandenen Staubwolken wurden vom Weltraumteleskop Hubble und der ESA-Raumsonde Rosetta gefilmt; Umlaufzeit von 5,7 Jahren.
73P/Schwassmann-Wachmann: war bei seiner ersten Entdeckung 1930 recht lichtschwach, zeigte sich 1995 deutlich heller, weil er in zahlreiche leuchtende Bruchstücke zerfallen war.

ZUR SCHÖPFUNGSGESCHICHTE

3 % der europäischen Männer und 15 % der Inuitmänner
haben eine Rippe mehr als Frauen.

AUF DEN SPUREN MYSTERIÖSER TIERE

Allghoi Khorkhoi .... der im Erdboden der Wüste Gobi hausende Mongolische Todeswurm
Bigfoot .... amerikanischer Affenmensch oder Riesenaffe
Kellas-Katze .... hundegroße, schwarze Katze im schottischen Hochland, auch Cait Sith genannt
Mapinguari .... riesige, einäugige, rote faultierähnliche Kreatur in den Regenwäldern Südamerikas
Minhacao .... 1,2 m langer Todeswurm Südamerikas, lebt an Flussufern und gräbt unterirdische Tunnel
Mokele-mbembe .... in den Urwäldern Zentralafrikas lebender Dinosaurier
Nessie .... Plesiosaurierähnliches Tier im schottischen Loch Ness
Ogopogo .... das seit alten Zeiten bekannte Seeungeheuer im kanadischen Lake Okanagan
Puff .... magischer Drache von jenseits der Meere
Teufel von Devon .... unbekanntes Tier mit 10 cm langen hufeisenförmigen Füßen in England
Tatzelwurm .... wurmartiges Kriechtier in den Alpen
Yeti .... im Himalaja lebender Riesenaffe oder Affenmensch
Zyklop .... einäugiges, Menschen fressendes Riesenwesen aus der griechischen Sagenwelt

NATURDÜNGER AUS BAD UND KÜCHE

Naturdünger	*enthält*	*für*
Sud von gekochten Kartoffeln	Kartoffelstärke	Topfpflanzen
Holzkohle aus Kachelöfen	Kalium	alle Lauchgewächse (Schnittlauch, Zwiebeln, Knoblauch, Stangenlauch, Zierlauch)
Sud aus Teeblättern		Kamelien, Farne
Kaffeesatz		Rhododendron, Rosen, Geranien
Eierschalen	Kalk	Rosen, Buchsbaum, Zinnie, Lavendel, Clematis, Petersilie, Buddleja, Astern, Erdbeeren, Bohnen, Erbsen
Finger- und Zehennägel	Hornspan	Blumen und Sträucher

VERWENDUNGEN VERSCHIEDENER HÖLZER

Holz	*Verwendung*
Amberbaum (Nuss-Satin-Holz)	Kunstobjekte (erinnert an Walnussholz, duftet lange würzig)
Atlas-Zeder	Schiffe der Phönizier, Sarkophage für ägyptische Könige, Täfelung des Tempels in Jerusalem
Berg-Ahorn (Vogelaugenahorn)	Möbel, Armaturenzierrat in Luxuslimusinen
Berg-Ulme (Rüster)	früher Wagengestelle, Felgen, Räder und Speichen, heute Parkett
Birnbaum	Blockflöten, Orgelmanuale, Druckstöcke für Holzschnitt
Buchsbaum	Holzschnitte, Flöten, Klarinetten, Schubkastenführungen
Echte Mispel	Drechselarbeiten
Echter Flieder	Kunstobjekte
Esche	Gallionsfigur der Gorch Fock
Faulbaum	Bienenkästen
Feld-Ahorn	Küchentischplatten
Goldregen	Armbrustbögen, Musikinstrumente
Hainbuche	Hackklötze, Fleischerbänke
Hartriegel	im Mittelalter Sicherheitsschlösser
Lärche	Schiffsmasten, Wasserräder, Blockhäuser, Holzfassaden
Linde	Zeichenkohle, christliche Holzfiguren (Marienaltar von Riemenschneider), allemanische Fastnachtsmasken
Nordmannstanne	heute beliebtester Weihnachtsbaum
Pfaffenhütchen	Holznägel, Stricknadeln, Zeichenkohle
Riesen-Lebensbaum	Blockhäuser der ersten Siedler Nordamerikas, Bootsmasten
Rot-Buche	Eisenbahnschwellen, Werkzeugtische
Schwarz-Erle	Wasserbauten zur Uferbefestigung und Drainage eingedeichter Flächen, Uhrengehäuse, Zigarrenkistchen
Schwarz-Pappel	Madonnenfiguren
Speierling	Kegel und Kegelkugeln, Billardstöcke und -kugeln, Weinpressen, Joch von Zugtieren, Dudelsackpfeifen (härtestes europäisches Holz)
Stiel-Eiche	früher Schiffe, Glockenstuhl, Rotweinfässer
Süßholz	Lakritz
Tulpenbaum	kostbare Möbel, Musikinstrumente (wertvoll, olivbraun)
Walnuss	Gewehrschäfte
Weiße Robinie	Rebpfähle im Weinbau
Zitter-Pappel	Zündhölzer, Tröge, Holländerschuhe (Klompen)

LÄSTIGE UND GEFÄHRLICHE AMEISEN

Ameise	*Lebensraum*	*gefährlich für ...*
Argentinische Ameise *(Iridomyrmex humilis)*	in Häusern, aus Südamerika in Europa eingeschleppt	Honigbienen, deren Stöcke geplündert werden
Blattschneiderameisen (rund 40 Arten in der Neuen Welt)	in Nord-, Mittel- und Südamerika	Plantagen von Zitrus- und Kaffeebäumen durch Kahlfraß
Ernteameise *(Messor barbara)*	im Mittelmeerraum	die Landwirtschaft durch ausgedehnte Beutezüge in Getreidespeichern
Feuerameise *(Solenopsis invicta)*	in Süd- und Mittelamerika, USA sowie Australien	Menschen durch ihre schmerzhaft brennenden Bisse und durch große Schäden an Nutzpflanzen und Förderung der Entwicklund anderer Ernteschädlinge
Gelbe Spinnerameise *(Anoplolepis gracilipes)*	in Afrika, Asien, Australien	Menschen und Tiere durch deren blind machende Ameisensäure, sowie Pflanzen durch Kahlfraß
Hausameise *(Lasius emarginatus)*	in Häusern	die Stabilität des Hauses durch in Holzbalken und Zwischenböden gebaute Nester – und in Speisekammern durch übermäßigen Fraß
Pharaoameise *(Monomorium pharaonis)*	in warmen Gebäuden wie Kliniken oder Großküchen, aus Asien stammend	die Hygiene durch Übertragung von Bakterien und anderen Krankheitserregern
Wanderameisen (rund 100 Arten in der Alten sowie rund 150 Arten in der Neuen Welt)	in Süd- und Mittelamerika, Afrika sowie Asien	alle Lebewesen (auch Vieh), die ihnen bei ihren gefürchteten Raubzügen in die Quere kommen

ZEHN MERKMALE, AN DENEN MAN EINEN WERWOLF ERKENNT

1. Tritt immer bei Vollmond in Erscheinung
2. Beißt andere Menschen
3. Heult den Mond an
4. Trägt Verwundungen an seinem Körper
5. Hat einen ungewöhnlich stark behaarten Körper
6. Neigt zu extremen Wutausbrüchen und sehr aggressivem Verhalten
7. Zeigt Verbrennungen, nach der Berührung von Silber
8. Besitzt ungewöhnliche Augen, die in der Nacht leuchten
9. Ist immer durstig, weil sein Mund und seine Augen stets trocken sind
10. Melancholischer Einzelgänger

WESEN, DIE DEM WERWOLF ENTSPRECHEN

Wertiger in Indien
Werleoparden in Afrika
Werhyänen in Afrika
Werkrokodile (sogar die gibt es) in Afrika
Werbären in Russland

KOMPASSPFLANZEN

Reaktion auf Licht	*Pflanzen*
zeigen mit den Blüten nach Süden	Sonnenblume, Fingerhut
stellen Blätter in Nord-Süd-Richtung	Kompasspflanze, Stachel-Lattich, Rainfarn, manche Schwertlilien

GEWICHT VON 1 KUBIKMETER LUFT

in 0 m Höhe	1,225 kg
in 1.000 m Höhe	1,112 kg
in 10.000 m Höhe	0,413 kg

KELTISCHER BAUMKALENDER

Zeitraum	*Baum im keltischen Kalender*
24. Dezember – 20. Januar	Birke
21. Januar – 17. Februar	Eberesche
18. Februar – 17. März	Esche
Frühlings-Tagundnachtgleiche	Stechginster
18. März – 14. April	Erle
15. April – 12. Mai	Weide
13. Mai – 9. Juni	Weißdorn
10. Juni – 17. Juli	Eiche
Sommersonnenwende	Heide
18. Juli – 4. August	Stechpalme
5. August – 1. September	Hasel
2. September – 29. September	Apfelbaum
Herbst-Tagundnachtgleiche	Espe
30. September – 27. Oktober	Efeu
28. Oktober – 24. November	Besenginster
Samhain (Halloween)	Schlehe
25. November – 21. Dezember	Holunder
Wintersonnenwende	Eibe
23. Dezember	Kiefer
Ende des Jahreskreises	Buche

INSEKTEN, DIE GEGEN DIE MEISTEN INSEKTIZIDE RESISTENT SIND

1. Grüne Pfirsich-Blattlaus	immun gegen 71 Insektizide
2. Kohlmotte	immun gegen 51 Insektizide
3. Kartoffelkäfer	immun gegen 37 Insektizide

DAS BÜRGERLICHE GESETZBUCH (BGB) UNTERSCHEIDET

freilebende wilde Tiere, gefangene wilde Tiere
gezähmte wilde Tiere einer wildlebenden Art
zahme Tiere (dazu zählen Haustiere)

IMMIGRANTEN
IN DEUTSCHLAND EINGEBÜRGERTE SÄUGETIERE

Art	*eingebürgert zur Belustigung*	*entkommen aus Haltung*	*ausgesetzt zur Pelzgewinnung*	*eingeschleppt mit Schiffsverkehr*	*eingebürgert zu Jagdzwecken*
Bisam			um 1914		
Damhirsch					im 19. Jh.
Grauhörnchen	um 1950				
Marderhund			um 1930		
Mink		um 1950			
Mufflon					im 18. Jh.
Nutria		um 1930			
Sikahirsch					im 19. Jh.
Streifenhörnchen	im 20. Jh.				
Wanderratte				um 1750	
Waschbär			um 1930		
Wildkaninchen					um 1000

DIE HÄUFIGSTEN ELEMENTE AUF DER ERDE (IN PROZENT)

in der Erdkruste	
Sauerstoff	49,4
Silizium	25,8
Aluminium	7,6
Eisen	4,7
Kalzium	3,4
Natrium	2,6
Kalium	2,4
Magnesium	1,9
Wasserstoff	0,8
Titan	0,4

der Gesamterde	
Eisen	35
Sauerstoff	30
Silizium	15
Magnesium	13
Nickel	2,4
Schwefel	1,9
Kalzium	1,1
Aluminium	1,1

DIE ERDZEITALTER

Der Zeitraum von der Enstehung der Erde bis heute wird in verschiedene Zeitalter eingeteilt. Diese Einteilung ist nicht willkürlich, sondern orientiert sich an einschneidenden Ereignissen in der Tierwelt.

Erdzeitalter	Periode		Beginn	Beginn von Lebensformen
Erdneuzeit (Känozoikum)	Quartär	Holozän	vor 10.000 Jahren	Verbreitung des modernen Menschen
		Pleistozän	vor 1,8 Mio. Jahren	erste echte Menschen der Gattung Homo
	Tertiär	Pliozän	vor 5 Mio. Jahren	Früheste Urmenschen der Gattung Australopithecus
		Miozän	vor 24 Mio. Jahren	Affen und Wale
		Oligozän	vor 34 Mio. Jahren	erste Primaten
		Eozän	vor 55 Mio. Jahren	erste Grasländer: Urpferde und Urkamele
		Paläozän	vor 65 Mio. Jahren	Beginn der Herrschaft der Säugetiere nach dem Aussterben der Dinosaurier
Erdmittelalter (Mesozoikum)	Kreide		vor 142 Mio. Jahren	erste magnolienähnliche Blütenpflanzen
	Jura		vor 206 Mio. Jahren	erste Vögel, Hauptentfaltungszeit der Dinosaurier
	Trias		vor 248 Mio. Jahren	erste Dinosaurier und Flugsaurier nach dem Aussterben der großen Lurche, erste Säugetiere

Erdaltertum (Paläozoikum)	Perm	vor 290 Mio. Jahren	erste Therapsiden (säugerähnliche Kriechtiere), erste fliegende Eidechsen, erste Käfer, erste Samenpflanzen
	Karbon	vor 354 Mio. Jahren	erste Wälder aus Bärlapp- und Schachtelhalmgewächsen, erste geflügelte Insekten (Libellen), erste Kriechtiere
	Devon	vor 417 Mio. Jahren	große Vielfalt an Fischen, erste Knochenfische, erste vierfüßige Urlurche an Land, erste Baumfarne, erste Insekten
	Silur	vor 443 Mio. Jahren	erste Landpflanzen und schabenähnliche Insekten an Land
	Ordovizium	vor 495 Mio. Jahren	erste Korallen und Panzerfische
	Kambrium	vor 545 Mio. Jahren	„Explosion des Lebens“: plötzliches Erscheinen von ersten Fischen, Schnecken, Muscheln, Seesternen, Trilobiten, Armfüßern, Weichtieren und allerlei merkwürdig aussehenden Tieren
Erdurzeit (Kryptozoikum)	Präkambrium	vor 2,5 Mrd. Jahren	erste Algen und Quallen
	Archaikum	vor 3,5 Mrd. Jahren	erstes Lebewesen: Bakterien, Blaualgen
	Katarchaikum, Hadaikum	vor 4,6 Mrd. Jahren	Entstehung der Erde

Urknall: vor 13,7 ± 0,2 Milliarden Jahren

„WEISSE FLECKEN" AUF DER ERDE

ZU DEN AM WENIGSTEN ERFORSCHTEN REGIONEN GEHÖREN:

Bergland von Annam (Asien)
Bergland von Kimberley (Australien)
größten Teile der Antarktis
Libysche Wüste (Afrika)
Mesosphäre
Norden und Osten von Angola (Afrika)
Regenwald im Amazonasbecken (Südamerika)
Regenwald im Kongobecken (Afrika)
Regenwald von Papua-Neuguinea (Asien)
Tiefsee

10 FAKTEN ZU SÜSSWASSERPERLEN

1. Die Schönheit der Perlen entsteht durch Perlmutt, mit dem das Innere von Muschel- und Schneckenschalen ausgekleidet ist.
2. Muscheln umgeben natürlicherweise eingedrungene Fremdkörper wie etwa Sandkörner mit einer Perlmuttschicht – so entsteht die natürliche, echte Perle.
3. In Japan wurde entdeckt, wie man relativ einfach und schnell Perlen künstlich züchten kann.
4. Die meisten Süßwasser-Zuchtperlen stammen aus chinesischen Flüssen und Seen sowie aus dem japanischen Biwa-See.
5. Die meist verwendeten Süßwassermuscheln für die Perlenzucht sind die bis zu 30 cm lange, braune Biwa-Auster *(Hyriopsis schlegeli)* und die Süßwasserperlenmuschel *(Cristaria plicata)*.
6. Bei der Züchtung werden mehrere 8–10 mm große Perlmuttkerne (für Perlen mit Kern) oder 10–30 zuvor entnommene, kleine Muschelgewebestücke (für Perlen ohne Kern) unter den Mantel der Muschel geschoben.
7. Nach 1,5 Jahren sind die Zuchtperlen ohne Kern etwa 3 mm groß.
8. Nach 3 Jahren sind die Zuchtperlen ohne Kern rund 7 mm groß.
9. Zuchtperlen können weiß, cremefarben, champagnerfarben, orangerosa, lila, hellviolett, hell- oder dunkelbraun sein.
10. Süßwasserperlen sind oval, eiförmig, knopfartig, tropfen- oder kartoffelförmig – runde Perlen gibt es nur bei solchen, die sich um einen runden mit Perlmuttkern bilden.

WILDE PAPAGEIEN IN DEUTSCHLAND

Papageienart	*Vorkommen*	*Gesamtbestand*
Halsbandsittich	Wiesbaden, Bonn, Köln, Düsseldorf, Hamburg	etwa 4.000 Tiere
Gelbkopfamazone	Stuttgart	etwa 40 Tiere, steigend
Mönchsittich	zwischen Nürnberg und Würzburg	nur wenige Tiere
Großer Alexandersittich	Hamburg, Wiesbaden	nur wenige Tiere
Gelbscheitelamazone Rotbugamazone Venezuelaamazone	kleine lokale Vorkommen	nur wenige Tiere

TIERISCHE DÜFTE

Ambra .... Sekret aus dem Verdauungstrakt des Pottwals
Castoreum .... auch Bibergeil, Geschlechtssekret aus der Analdrüse des Bibers
Moschus .... Geschlechtssekret des Moschusrinds
Skunksekret .... Verteidigungssekret aus der Analdrüse des Stinktieres
Urin .... Kommunikationssekret aus der Harnblase von Hund, Leopard, Löwe und anderen Raub- und Huftieren
Zibet .... Markierungssekret aus den Analdrüsen der Zibetkatze

TIERISCHE FARBSTOFFE

Hämoglobin .... aus Blut von Wirbeltieren
Purpur .... von der im Mittelmeer lebenden Purpurschnecke
Karmin .... von der auf Opuntien lebenden Cochenille-Schildlaus
Kermes .... von der auf Kermeseichen lebenden Kermes-Schildlaus

DAS „DRECKIGE DUTZEND“

Die 12 gefährlichsten langlebigen Umweltgifte wurden 2004 auf der ganzen Welt verboten:

8 PESTIZIDE (SCHÄDLINGSBEKÄMPFUNGSMITTEL)
Aldrin
Chlordan
DDT
Dieldrin
Endrin
Heptachlor
Mirex
Toxaphen

2 INDUSTRIECHEMIKALIEN
PCB
Hexachlorbenzol

2 SUBSTANZEN AUS VERBRENNUNGSVORGÄNGEN, ETWA DER MÜLLVERBRENNUNG
Dioxine
Furane

MAXIMALE ZAHL DER NACHKOMMEN

Dornhai	Junge pro Wurf: 1
Elefant	Junge pro Wurf: 1
Igel	Junge pro Wurf: 6
Kaninchen	Junge pro Wurf: 12
Kohlmeise	Eier pro Gelege: 11
Krokodil	Eier pro Gelege: 50
Suppenschildkröte	Eier pro Gelege: 100
Stechmücke	Eier pro Gelege: 500
Grasfrosch	Eier pro Gelege: 4.400
Karpfen	Eier pro Gelege: 1,5 Millionen
Ameisenkönigin	Eier pro Tag: 1.000
Honigbienenkönigin	Eier pro Tag: 1.500
Termitenkönigin	Eier pro Tag: 30.000

VOR, BEI UND NACH LURCHHOCHZEITEN

Alpensalamander	im Mutterleib entwickeln sich aus den Eiern Kaulquappen und fertige Tiere
Bergmolch	bei intensiven Paarungsspielen wird das Weibchen heftig vom Männchen umworben und mit Duftstoffen befächelt
Erdkröte	Paarungsknäuel von bis zu 15 Männchen, die sich gleichzeitig mit einem Weibchen paaren wollen, dass dabei oft ertränkt wird
Geburtshelferkröte	trägt Eischnüre an ihren Hinterbeinen
Nectophrynoides-Kröte	gebärt nach 9 Monaten Tragzeit Junge lebend aus ihrer Gebärmutter
Rheobatrachus-Frosch	verschluckt befruchtetes Ei, damit sich die Kaulquappe im Magen zum fertigen Frosch entwickeln kann; nach 6–7 Wochen spuckt das Weibchen das Junge aus.

KRANKHEITSERREGER, DIE VOM TIER AUF DEN MENSCHEN ÜBERTRAGEN WURDEN

Affenpocken
Ebola
HIV / AIDS
Marburg (MBG)-Virus
Pest
SARS-Virus

GLOBALE PANDEMIEN

Eine Pandemie ist eine Epidemiewelle, die sich über Länder und/oder die Welt ausbreitet.

1918–1921	„Spanische Grippe“	etwa 50 Mio. Tote
1957/58	„Asiatische Grippe“	1 Mio. Tote
1968/69	„Hongkong-Grippe“	700.000 Tote
1977/78	„Russische Grippe“	700.000 Tote

MONDLANDSCHAFTEN

Alpen ..... eher flaches Gebirge mit dem schönen Krater Plato
Copernicus .... einer der schönsten Krater mit Ringwall in der Mitte der Mondscheibe
Gebirge .... lange Gebirgszüge, die oft die Mare umgeben
Kraterwälle .... ringförmige Krater umgebende Wallstrukturen
Mare Crisium .... eines der kleinsten Mondmare
Mare Imbrium ...... die auffälligste Landschaft, rund 1.000 km groß
Mare Vaporum . in der Mitte der Mondscheibe gelegenes Mondmeer
Mare .... dunkel erscheinende, tiefer liegende Gebiete, Mondmeere
Riesenkrater .... Einschlagkrater von Meteoriten
Rillen .... stark gewundene Einsenkungen der Oberfläche
Ringgebirge .... ringförmig verlaufende Gebirgsstrukturen
Strahlensysteme .. von jüngeren Kratern ausgehende radiale Strahlen
Tal der Alpen .... 130 km langes Tal im Gebirgszug der Alpen
Terrae-Gebiete .... hell erscheinende Hochgebiete mit Kratern
Tycho .... jüngerer Krater mit schönem Strahlensystem
Zentralberge .... zentrale Berge in der Mitte einiger Krater

DIE WICHTIGSTEN PFLANZEN MENSCHLICHER ERNÄHRUNG

1. Weizen .... 3,1 Milliarden Menschen (54 %)
2. Reis .... 2 Milliarden Menschen (34 %)
3. Mais .... 0,7 Milliarden Menschen (12 %)

Die folgenden Plätze belegen:
Kartoffeln, Gerste, Maniok, Süßkartoffeln, Sojabohnen

WETTERFRÖSCHE UNTER DEN PFLANZEN

Pflanze	*Beobachtung*	*Wetterprognose*
Ringelblume, Gänseblümchen, Kamille, Wildrosen	halten tagsüber ihre Blütenköpfe geschlossen	Es wird regnen!
Sauerklee	faltet seine Blätter zusammen und stellt seine Blattstiele aufrecht	Das Wetter wird schlecht!

DIE GRÖSSTEN ENTDECKUNGEN DER NATURFORSCHER

Naturforscher	*Entdeckung*
Aristoteles 384–322 v. Chr.	Begründer der Zoologie, der Wissenschaft von den Tieren
Plinius d. Ä. 23–79	Autor der „Naturgeschichte" (naturalis historia)
Leonardo da Vinci 1452–1519	fertigte hunderte von Zeichnungen vom Körperbau der Tiere an
Galileo Galilei 1564–1642	Bahnbrechende naturwissenschaftliche Entdeckungen, etwa der 4 großen Jupitermonde und der Fallgesetze
Johannes Kepler 1571–1630	entdeckte die Gesetze der Planetenbewegungen (Keplersche Gesetze)
Antoni van Leeuwenhoek 1632–1723	Erfinder des Mikroskops, entdeckte Einzeller und Bakterien
Carl von Linné 1707–1778	gliederte die Lebewesen in Arten, benannte sie mit Gattungs- und Artnamen
Jean Baptiste de Lamarck 1744–1829	erste Formulierung einer Evolutionstheorie
Georges Cuvier 1769–1832	Begründer der vergleichenden Anatomie mit Rückschlüssen auf Verwandtschaftsverhältnisse
Alexander von Humbold 1769–1859	Mitbegründer der Geographie als Naturwissenschaft und Verfasser bedeutender Werke wie „Ansichten der Natur"
Charles Darwin 1809–1882	revolutionierte mit zwei Werken die Evolutionskunde „Der Ursprung der Arten durch natürliche Auswahl" und „Die Abstammung des Menschen"
Johann Georg Mendel 1822–1884	Begründer der Genetik durch Experimente zur Vererbung von Merkmalen bei Tieren und Pflanzen
Alfred Russel Wallace 1823–1913	Begründer der Biogeographie und Wegbereiter der Ökologie
Alfred Wegener 1880–1930	entdeckte die Kontinentalverschiebung
James D. Watson 1928–?	beschrieb die Doppelhelixstruktur der Erbsubstanz DNA

FÜR PAPAGEIEN GEFÄHRLICHE ZIMMERPFLANZEN

Aloe
Alpenveilchen
Avocado
Azalee, Rhododendron
Belladonnenlilie, Amaryllis
Brunfelsie
Buntblatt, Kaladie
Christusdorn
Dieffenbachie
Einblatt
Fensterblatt
Gummibaum, Philodendron
Klivie, Riemenblatt
Kolbenfaden
Korallenstrauch
Palmfarne
Passionsblume
Ritterstern
Ruhmeskrone, Hakenlilie
Sumpfkalla, Schlangenwurz
Wachs- oder Porzellanblume
Weihnachtsstern, Pointsettie
Wunderstrauch
Zimmerkalla

DER LEUCHTENDE TEPPICH

Fachbegriff	Tapetum lucidum
Vorkommen bei	Pferd, Hund, Katze und Rind
Lage	Schicht in der Aderhaut des Auges, liegt hinter der Netzhaut
Bestandteile	Zellen, die Guaninkristalle enthalten
Wirkung	als Restlichtverstärker: Kristalle zerlegen und reflektieren die einfallenden Lichtstrahlen, reizen dadurch erneut die Fotorezeptoren der Netzhaut
Vorteil	verbesserte Sehfähigkeit in der Dämmerung

GRÖSSE VON INSEKTENSTAATEN

Ackerhummel	bis zu 500 Tiere
Hornisse	bis zu 700 Tiere
Deutsche Wespe	bis zu 7.000 Tiere
Honigbiene	bis zu 80.000 Tiere
Rote Waldameise	bis zu 2 Millionen Tiere
Blattschneiderameise, Tropen	bis zu 3 Millionen Tiere
Treiberameise, Afrika	bis zu 20 Millionen Tiere

FÜNF KURIOSE PAARUNGSVERHALTEN

… BEI DEN ADELIEPINGUINEN
Im Lebensraum der Adeliepinguine sind Steine rar. Um an solche zu gelangen, nähern sich manche verpaarten Weibchen partnersuchenden Männchen. Von ihm erhalten sie als Hochzeitsgeschenk einen Stein, den sie zumeist unverrichteter Dinge zu ihrem eigenen Nest rollen,um dann das nächste Singelmännchen aufzusuchen …

… BEI DEN BAUMSTACHELSCHWEINEN
Vor der Paarung markiert das Männchen sein Weibchen von Kopf bis Fuß mit einem kräftigen Urinstrahl. Ist es bereit für die Paarung, besänftigt sie diese Dusche und sie legt ihr Stachelkleid an, so dass es nicht piekst. Ist sie nicht paarungsbereit, …

… BEI DEN HONIGBIENEN
Geschlechtsreife Honigbienenweibchen starten im Sommer zu ihrem Hochzeitsflug und werden dabei von einem wahren „Komet“ an Drohnen begleitet. Der Gewinner unter ihnen büßt am Ende des Aktes zuerst seinen Phallus, dann sein Leben ein.

… BEI DEN LANGUSTEN
Vorsichtig betritt das Weibchen die Wohnhöhle des Männchens. Finden sie sich sympathisch, häutet sich das Weibchen. Schutzlos und mit weichem Körper wartet es darauf, dass sie auf den langsam hart werdenden Beinen stehen kann – und los mit der Paarung.

… BEI DEN SEPIEN
Das Männchen kämpft zunächst gegen andere Männchen. Dazu zeigt es mit ausgebreiteten Armen den Rivalen Saugnäpfe und Mund und versucht sie zu beißen. Hat es sich durchgesetzt, legen Männchen und Weibchen ihre Köpfe aneinander und öffnen die Arme. Dann legt das Männchen eine mit Sperma gefüllte Hülle in die Begattungstasche des Weibchens – und muss erneut auf der Hut sein: Jeder Rivale versucht diese Spermahülle fortzuspülen.

HEIMISCHE GESPENSTER

Federgeistchen, Grasgespenst, Nachtschatten

ZWITTERFISCHE IM KORALLENRIFF

Anemonenfisch	Männchen, später Weibchen
Fahnenbarsch	Weibchen, bei Bedarf Männchen
Zackenbarsch	Weibchen, bei Bedarf Männchen
Papageifisch	Weibchen, bei Bedarf Männchen
Korallenwächter	Weibchen, bei Bedarf Männchen
Lippfische	Weibchen, bei Bedarf Männchen

DIE 10 KLEINSTEN INSELN, DIE ZU ZWEI STAATEN GEHÖREN

Tagholm	0,3 Hektar	Norwegen – Schweden
Kulleholmen	0,8 Hektar	Norwegen – Schweden
Westinsel im Boundary Lake	1,1 Hektar	USA – Kanada
Märket	3,3 Hektar	Finnland – Schweden
Ostinsel im Boundary Lake	3,3 Hektar	USA – Kanada
Storoya, Utgardsjoen	4 Hektar	Norwegen – Schweden
Hisön	8 Hektar	Schweden – Norwegen
Purnujarvi-Insel	15 Hektar	Finnland – Russland
Lake Memphremagog	28 Hektar	Kanada – USA

LEBEWESEN, DIE WIE KÖRPERTEILE HEISSEN

Hahnenfuß	ein gelb blühendes Ackerwildkraut
Hohlzahn	ein weiß-rot blühendes Ackerwildkraut
Hundszunge	ein blau blühendes Ackerwildkraut
Kälberkropf	eine weiß blühende Pflanze am Waldrand
Katzenpfötchen	eine alte Bauerngartenpflanze
Nierenfleck	ein brauner Schmetterling
Ochsenauge	ein gelber Korbblütler
Ochsenzunge	ein rot blühendes Ackerwildkraut
Schwalbenschwanz	ein großer, gelber Ritterfalter
Storchschnabel	ein rotes Geraniengewächs
Teufelskralle	eine weiß blühende Wiesenpflanze
Wasserfeder	eine weiß blühende Wasser- und Sumpfpflanze
Ziegenlippe	ein ockerfarbener Speisepilz

THEORIEN ZUM AUSSTERBEN DER DINOSAURIER

1. Die Dinosaurier waren überentwickelt und überaltert.
2. Die Dinosaurier haben sich selbst zerfleischt.
3. Die Dinosaurier wurden von anderen Lebewesen getötet, etwa von giftigen Pflanzen oder pathogenen Viren, Bakterien oder Pilzen.
4. Die Dinosaurier starben durch die Strahlung aus, die bei der gewaltigen Explosion einer Supernova frei geworden war.
5. Die Dinosaurier wurden von den sich rasch entwickelnden Säugetieren verdrängt.
6. Die Eier der Dinosaurier wurden von Säugetieren geklaut.
7. Die Dinosaurier konnten sich dem kühler werdenden Klima nicht anpassen.
8. Die Dinosaurier starben durch sich stark ausbreitende Seuchen und Epidemien aus.
9. Die Dinosaurier brachte das umgepolte Erdmagnetfeld aus dem Lot.
10. Die Dinosaurier starben an den Klimaveränderungen infolge eines Meteoriteneinschlags aus.
11. Die Dinosaurier starben an den Klimaveränderungen aus, die durch unzählige Vulkanausbrüche verursacht wurden.

TIERMÄNNER MIT PENISKNOCHEN

Braunbär	Hund	Schimpanse
Dachs	Marder	Walross
Fuchs	Meerschweinchen	Zwergfledermaus

STERNBILDER, DIE IN STUTTGART DAS GANZE JAHR ÜBER ZU SEHEN SIND

Großer Bär (mit dem Großen Wagen), Kleiner Bär (mit dem Kleinen Wagen und Polarstern), Kassiopeia, Kepheus, Drache

Diese Angaben über zirkumpolare (ganzjährig sichtbare) Sternbilder gelten auch für das restliche Deutschland, Österreich und die Schweiz.

FROSCHGYMNASTIK

Die Fersenprobe gehört zur Artbestimmung von heimischen Froschlurchen der Gattung Rana. Dazu werden die Hintergliedmaßen nach vorne in Richtung Kopf gelegt und geprüft, bis wohin die Ferse reicht.

GRASFROSCH
(Rana temporaria)
Ferse erreicht Hinterrand der Augen

MOORFROSCH
(Rana arvalis)
Ferse erreicht Vorderrand der Augen

MOORFROSCH
(Rana arvalis wolterstorfii)
östliche Unterart
Ferse erreicht Schnauzenspitze

SPRINGFROSCH
(Rana dalmatina)
Ferse überragt deutlich die Schnauzenspitze

FANG VON SPINNEN

Folgende Methoden bieten sich an, um eine Spinne zu fangen, etwa um sie aus der Wohnung nach draußen zu befördern:

Spinne am Boden .... einen Becher über die Spinne stülpen, vorsichtig ein festes Blatt Papier zwischen Gefäßrand und Boden schieben, dann das Gefäß umdrehen

Spinne an der Wand .... Gefäß unter die Spinne halten, Spinne mit einem Strohhalm „kitzeln“, diese lässt sich in das Gefäß fallen, dann das Gefäß abdecken

FUNKTIONIERT IMMER
Vorsichtig die Spinne von oben mit einem locker in der Hand gehaltenen Taschentuch packen.

DIE MEISTGEFANGENEN FISCHE DER ERDE

Fischart	*Das wichtigste Fanggebiet*
Alaska-Seelachs	Nordwestpazifik
Atlantischer Hering	Nordostatlantik
Echter Bonito	Westl. Zentralpazifik
Japan-Sardelle	Nordwestpazifik
Degenfisch	Nordwestpazifik
Spanische Makrele	Nordwestpazifik
Gelbflossentunfisch	Westl. Zentralpazifik
Atlantischer Kabeljau	Nordostatlantik
Europäische Sardine	Östl. Zentralatlantik
Chilenischer Hering	Südostpazifik

TRÜGERISCHE NAMEN

Achateule	ein Schmetterling
Ameisenfischchen	ein Insekt
Ameisenlöwe	ein Netzflügler
Bienenwolf	ein Käfer
Brauner Bär	ein Schmetterling
Fetthenne	ein Dickblattgewächs
Glühwürmchen	ein Käfer
Grasglucke	ein Schmetterling
Großer Eisvogel	ein Schmetterling
Großer Fuchs	ein Schmetterling
Grünes Blatt	ein Schmetterling
Hausbock	ein Käfer
Heupferd	eine Heuschrecke
Lolch	ein Süßgras
Maiwurm	ein Käfer
Mauerfuchs	ein Schmetterling
Mondvogel	ein Schmetterling
Ohrwurm	ein Insekt
Seegurke	eine Verwandte des Seesterns
Spanische Fliege	ein Käfer (ziemlich giftig)
Wiesenvögelchen	ein Schmetterling
Windröschen	ein Hahnenfußgewächs
Wurmlöwe	eine Fliege

WALDREICHE LÄNDER

Den größten Anteil an Waldfläche in Bezug auf die gesamte Waldfläche der Erde haben:

1	Russland
2	Brasilien
3	Kanada
4	USA
5	China
6	Indonesien
7	Republik Kongo

IN DEN NÄCHSTEN 3 SEKUNDEN

Die Erde legt 91 km auf ihrer Bahn um die Sonne zurück.
Die Erde dreht sich um 1,5 km westwärts.
Die Weltbevölkerung nimmt um 9 Menschen zu.
Auf den Straßen Europas wird ein Wildtier überfahren.
Auf der ganzen Welt werden 800 Bäume gefällt.
In Deutschland werden 3 Hähnchen geschlachtet.
Ein Gepard legt bei der Jagd eine Strecke von 100 m zurück.
Ein Fächerfisch schwimmt 91 m.
Eine fliegende Stechmücke schlägt 900 Mal mit den Flügeln.
Ein Amethyst-Kolibri schlägt 240 Mal mit den Flügeln.
Ein Haar wächst 0,0000034 mm.
Der braune Grashüpfer zirpt dreimal kurz und scharf.
Das Herz einer Winterschlafenden Fledermaus schlägt einmal.
Der Flugmuskel einer Libelle zuckt 77 Mal.

PRODUZIERTE FLÜSSIGKEITEN PRO TAG

Tier	*tägliche Harnmenge*	*tägliche Milchproduktion*
Schaf	1,5 Liter	2 Liter
Schwein	4 Liter	12 Liter
Pferd	10 Liter	18 Liter
Rind	20 Liter	10–60 Liter

VERWENDUNG EINER KOKOSPALME

Pflanzenteil	*Verwendung*
Blätter	Flechtmaterial für Körbe und Matten
Blattrippen	Bindematerial für Besen, Bürsten und Fischreusen
Blütenstängel	Essig
Fasern der Basthülle	Seile, Teppiche, Schiffstaue
Fruchtfleisch (frisch)	Nahrungsmittel, Kokosmilch
Fruchtfleisch trocken (Kopra)	Kokosöl, Kopraöl zum Backen, Braten, für Süßigkeiten, Seifen, Shampoos, Lotions und Cremes, Tierfutter
Kokusfasern	Füllstoff für Matrazen
Kokoswasser	Trinkwasserersatz, Erfrischungsgetränk
Nussschalen	Trinkgefäße, Heizmaterial, Kunsthandwerk, Knöpfe, Ringe, Souvenirs
Palmwedel	Material zum Dachdecken
Pflanzensaft	Arrak
Rinde	Heilmittel
Stamm	Bau- und Möbelholz, Papier, Boote
Wurzel	harntreibendes Heilmittel
Zuckersaft der Blüten	Palmwein (Toddy), Sirup

BEUTELTIERE AUSSERHALB VON AUSTRALIEN

Im Tertiär haben sich die Beuteltiere auf dem amerikanischen Kontinent entwickelt. Über einst bestehende Landbrücken kamen sie über die Antarktis nach Australien. Während sie in Australien in ihrer großen Arten- und Formenfülle überlebt haben, kommen heute in Südamerika und dem südlichen Nordamerika nur noch wenige maus- bis rattengroße Beuteltiere vor:

Beutelratten	Mausopossum Nord-Opossum Süd-Opossum Schwimmbeutler (Yapok)
Opossummäuse	Ecuador-Opossummaus

EINIGE GEMEINE

Gemeine Akelei
Gemeiner Beinwell
Gemeine Dornschrecke
Gemeiner Efeu
Gemeine Fichte
Gemeiner Grashüpfer
Gemeiner Hopfen
Gemeiner Judasbaum
Gemeine Keiljungfer
Gemeiner Liguster
Gemeine Mahonie
Gemeine Nachtkerze
Gemeiner Ohrwurm
Gemeine Pelzbiene
Gemeiner Queller
Gemeiner Rückenschwimmer
Gemeine Stubenfliege
Gemeiner Taumelkäfer
Gemeine Wespe
Gemeine Zikade

PLANETENALLTAG IN UNSEREM SONNENSYSTEM

Merkur .... an einem Merkurtag (58,5 Erdtage) geht die Sonne zweimal auf
Venus .... ein Tag ist länger als ein Jahr
Erde .... nur dort kann man Feuer machen
Mars .... der 26 km hohe Olympus Mons ist der höchste Berg
Jupiter .... im Großen Roten Fleck tobt seit mindestens 10.000 Jahren ein heftiger Sturm
Saturn .... die beiden Monde Janus und Epimetheus tauschen alle 4 Jahre ihre Umlaufbahnen aus
Uranus .... rollt auf seiner Umlaufbahn um die Sonne
Neptun .... Winde wehen mit bis zu 2.000 km/h Geschwindigkeit

BLÜTEN IN DEN NOTFALLTROPFEN NACH BACH

No. 6 Cherry Plum (Kirschpflaume) .. gegen extreme innere Spannung
No. 9 Clematis (Gemeine Waldrebe) .... gegen geistige Abwesenheit und drohende Ohnmacht
No. 18 Impatiens (Drüsentragendes Springkraut) ... gegen psychischen Stress und Unruhe
No. 26 Rock Rose (Gemeines Sonnenröschen) .... gegen Panik und Verzweiflung
No. 29 Star of Bethlehem (Goldiger Milchstern) .... gegen Schock

SKURRILE WISSENSCHAFTLICHE NAMEN

Agathidium bushi, A. cheneyi und A. rumsfeldi: Schlammkugelkäfer, die sich von Schleimpilzen ernähren
Anophthalmus hitleri: Höhlenkäfer, der klein, braun und blind ist
Barbulanympha ufalula: Einzeller im Darm holzfressender Termiten, bekam ihren Namen, weil dessen Entdecker sich über unaussprechliche wissenschaftliche Namen ärgerte
Campsicnemius charliechaplini: Langbeinfliege, die ihre Hinterbeine wie Charlie Chaplin bewegt
Cuterebra emasculator und C. sterilisator: zwei Fliegenarten, die den Hoden ihrer Nagetierwirte fressen und diese dabei kurz und schmerzlos entmannen
Eroticoscincus graciloides: Skinkart, auf Deutsch: graziler, sexy Skink
Longiphallus costatus: Schneckenart, auf Deutsch: berippter, langer Penis
Phallus daemonicum: Pilzart, auf Deutsch: dämonischer Penis
Phallus impudicus: Pilzart, der im reifen Zustand wie ein Penis aussieht, auf Deutsch: unverschämter Penis

RASSEN UND UNTERARTEN DER HONIGBIENE

Dunkle Nordbiene *(Apis mellifera mellifera)* .... Ural, Mitteleuropa, Skandinavien
Carnica-Biene *(Apis mellifera carnica)* .... Südöstliche Alpen, Donauraum
Italienische Biene *(Apis mellifera ligustica)* .... Italien
Kaukasische Biene *(Apis mellifera caucasica)* .... Kaukasus
Griechische Biene *(Apis mellifera cecropia)* .... Südwesteuropa
Türkische Biene (*Apis mellifera anatolica)* .... Mittlerer Osten
Buckfast-Biene *(*Rassen von *Apis mellifera)* .... Südengland

DIE GRÖSSTEN LANDTIERE DER ERDE

1 .... Afrikanischer Elefant
2 .... Asiatischer Elefant
3 .... Breitmaulnashorn (Weißes Nashorn)

DEUTSCHLAND IN DER URZEIT

Zeitalter	*Lage*	*Landschaft*	*Besonderes*
Kambrium vor 540 Millionen Jahren	ungefähr 50° südliche Breite	steinig, öd und leer; keine Tiere, keine Pflanzen	ein Tag hat 20 Stunden
Devon vor 400 Millionen Jahren	am Äquator	erste Landpflanzen bedecken deutschen Boden	vor der deutschen Küste: ein Korallenriff im tropischen Hunsrückmeer mit Panzerfischen, Trilobiten, kieferlosen Fischen und Urhaien
Karbon vor 360 Millionen Jahren	in den Tropen etwas nördlich des Äquators	küstennaher feucht-warmer Sumpfwald	20 m hohe Schachtelhalmbäume, 40 m hohe Siegelbäume, 4 m lange Riesenlurche, 2 m lange Tausendfüßer und die Riesenlibelle; die heutigen Steinkohlelager im Ruhrgebiet und Saarland aus dieser Zeit
Perm vor 250 Millionen Jahren	ungefähr 15° nördliche Breite	trockene, warme Fels-, Stein- und Sandwüste; später Zechsteinmeer	aus den Ablagerungen des Zechsteinmeers entstehen bis zu 1.000 m mächtige Schichten von Stein- und Kalisalzen
Trias vor 220 Millionen Jahren	tropisch	triste, heiße, trockene Wüste mit Oasen	Plateosaurus, der erste große Dinosaurier der Erdgeschichte, in Trossingen
Jura vor 145 Millionen Jahren	ungefähr 30° nördliche Breite	tropische Lagune mit weißen Sandstränden	tropische Korallenriffe, Fischsaurier und Paddelechsen im Meer, Flugsaurier und die Urvögel (Archäopteryx) in der Luft
Kreide vor 115 Millionen Jahren	ungefähr 30° nördliche Breite	tropische Sumpfwälder	Iguanodon, Riesendinosaurier vom Brachiosaurustyp und allosaurusähnliche Raubsaurier, erste magnolienähnliche Blütenpflanzen
Tertiär, Eozän vor 50 Millionen Jahren	ungefähr 40° nördliche Breite	tropischer Regenwald	Krokodile, Riesen-Laufvögel, kleine Urpferdchen, Ameisenbären, Ur-Tapire am See der heutigen Grube Messel
Tertiär, Pliozän vor 10 Millionen Jahren	ungefähr 45° nördliche Breite	bis zu 100 km breite Meeresstraße verbindet die Nordsee mit dem Mittelmeer	im Mainzer Becken leben die größten Elefanten der Erdgeschichte, die Hauerelefanten (Dinotherien)
Quartär, Eiszeitalter vor 33.000 Jahren	wie heute	Wechsel von Kaltzeiten und Warmzeiten	in Kaltzeiten ist das Klima so wie in der sibirischen Tundra, in Warmzeiten wärmer als heute; in der Vogelherdhöhle entstehen die frühesten Zeugnisse menschlicher Kunst aus Mammut-Elfenbein

GRÖSSENVERGLEICH ELEFANTEN UND MAMMUTS

Art	*Körperhöhe*	*Vorkommen*
Zwergelefant *(Elephas falconeri)*	1 m	vor 500.000 Jahren auf Malta und Sizilien
Zwergmammut *(Mammuthus exilis)*	1,2–1,8 m	vor 30.000–12.000 Jahren auf den Kalifornischen Kanalinseln
Zwergmammut *(Mammuthus primigenius)*	1,8 m	vor 7.000–3.700 Jahren auf der russischen Wrangel-Insel
Afrikanischer Waldelefant *(Loxodonta africana, Unterart)*	bis zu 2,6 m	lebt in Waldgebieten Zentral-afrikas
Asiatischer Elefant *(Elephas maximus)*	2,4–3 m	lebt in Indien und Südostasien
Wollhaarmammut *(Mammuthus primigenius)*	2,75–3,4 m	vor 500.000–10.000 Jahren in Europa
Afrikanischer Steppenelefant *(Loxodonta africana, Unterart)*	bis zu 3,5 m	lebt in Savannengebieten Afrikas südlich der Sahara
Nordamerikanisches Mammut *(Mammuthus columbi)*	bis zu 4 m	bis vor 10.500 Jahren in Nord-amerika
Hauerelefant, Dinotherium *(Dinotherium giganteum)*	bis zu 5 m	bis vor rund 1 Million Jahren in Asien und Europa

TRINKWASSER MIT STEINEN AUFLADEN

In eine Karaffe mit Wasser (Mineral-, Tafel- oder Leitungswasser) gibt man diese ungeschliffenen Steine:

Amethyst .... Reinigung
Bergkristall .... Klarheit
Rosenquarz .... Liebe

HIN UND WIEDER WERDEN DIESE STEINE AUFGELADEN, AM BESTEN SO:

3 Tage Sonnenschein, Luft und Mondlicht
(am besten Vollmond) aussetzen
3 Tage im Erdboden vergraben
3 Tage im klaren Wasser liegen lassen,
am besten im fließenden Quellwasser

DIE ERDE IN DER ZUKUNFT

In 20 Millionen Jahren	Ostafrika hat sich von Afrika gelöst und driftet mit Madagaskar ostwärts; Spanien hat sich von Frankreich abgespaltet
In 40 Millionen Jahren	Afrika hat sich weiter nordwärts bewegt, das Mittelmeer ist folglich nur noch recht klein; der Atlantik wird breiter
In 60 Millionen Jahren	Grönland wandert südwärts
In 80 Millionen Jahren	das Mittelmeer gibt es nicht mehr; Neuseeland liegt in den Tropen, Australien ist mit Japan verbunden
In 100 Millionen Jahren	Nord- und Südamerika sind getrennt (nicht zum ersten Mal in der Erdgeschichte)
In 150 Millionen Jahren	Mexiko liegt am Äquator; Südamerika wandert südwärts
In 200 Millionen Jahren	die Antarktis liegt am Äquator; Ostafrika ist mit Indien zusammengestoßen
In sehr weiter Ferne	aufgrund der Auskühlung der Erde bewegen sich die Erdplatten nicht mehr

DIE GESCHICHTE VOM „ARMEN SÜNDERLEIN"

VON 1672–1733 lebte in Zürich der Arzt und Naturforscher Prof. Dr. Johannes Jakob Scheuchzer. Er war überzeugter Verfechter der damals weit verbreiteten Sintflutlehre. Berühmt wurde er durch den Fund eines Fossils von Öhningen bei Stein am Rhein, in dem er den Beweis für die Richtigkeit der Sintflut-Theorie sah.

ER SCHRIEB: „Dieser Fund zeigt von dem Skelett eines erwachsenen Menschen den Rand des Stirnbeins, den Jochbogen, die Augenhöhlen sowie Rückenwirbel in zusammenhängender Reihe, 16 an der Zahl."

VOLLER BEGEISTERUNG nannte er seinen Fund „Homo diluvii testis, Beingerüst eines in der Sündflut ertrunkenen, verruchten Menschenkindes um dessen Sünde willen das Unglück über die Welt hereingebrochen" ist.

HEUTE WISSEN WIR, dass dieses fossile Skelett einem Riesensalamander gehört, der vor 25 Millionen Jahren bei uns lebte. Sein wissenschaftlicher Name: *Andrias scheuchzeri.*

WELCHES TIER VERBIRGT SICH HINTER DIESEN NAMEN

Addax	Mendesantilope
Ai	Dreifingerfaultier
Beluga	Weißwal
Bobak	Steppenmurmeltier
Bonobo	Zwergschimpanse
Burunduk	Streifenhörnchen
Capybara	Wasserschwein
Chinchilla	Wollmaus
Dingiso	Baumkänguru
Dschelada	Blutbrustpavian
Dugong	Gabelschwanzseekuh
Fennek	Wüstenfuchs
Fossa	Frettkatze
Irbis	Schneeleopard
Järv	Vielfraß
Kaama	Kuhantilope
Koala	Beutelbär
Kobra	Brillenschlange
Korsak	Steppenfuchs
Kuban-Tur	Westkaukasischer Steinbock
Kuguar	Puma, Silberlöwe
Lar	Weißhandgibbon
Magot	Berberaffe
Manati	Rundschwanz-Seekuh
Mara	Pampashase
Muntjak	Bellhirsch
Nutria	Biberratte, Sumpfbiber
Orca	Schwertwal
Panda	Bambusbär
Surikate	Erdmännchen
Tuatara	Brückenechse
Tupaja	Spitzhörnchen
Unau	Zweifingerfaultier
Urson	Baumstachler
Wanderu	Bartaffe
Votsotsa	Riesenratte
Yurumi	Ameisenbär
Zebra	Tigerpferd

DIE SCHLANGE

Kultur	*Bedeutung der Schlange*
Afrika	Königssymbol, als Himmelsschlange mit dem Wasser und der Schöpferkraft verbunden
Ägypten	Kobra Uräus: höchste göttliche und königliche Weisheit und Macht; Natter Apophis: Schlange des Nebels, Zwietracht und Zerstörung
Australien	Regenbogenschlange Yurlunggur: Ahnengeist der Aborigines; Schöpfer und Zerstörer
Azteken	Gefiederte Schlange: Verbindung von Himmel und Erde, Licht und Dunkelheit, Leben und Tod als ewige Schöpfung; symbolisiert den Himmelsgott Quetzalcoatl und die Erdmutter als Schlangenfrau
China	Auferstehung und Erneuerung
Christentum	einerseits Weisheit und Baum des Lebens; andererseits Teufel, Mächte des Bösen, die der Mensch überwinden muss, und Versucherin, die den Sündenfall bewirkt
Griechenland	Weisheit, Erneuerung des Lebens, Auferstehung und Heilung; Asklepios, der Gott der Heilkunst, hält einem Stab, um den sich eine Schlange windet (Asklepios- oder Äskulapstab)
Japan	Mit dem Gott des Donners und der regenbringenden Stürme verbunden
Kelten	mit den heiligen Wassern und Brunnen verbunden; Fruchtbarkeit, wendet Unheil ab
Minoische Kultur	Schlangenkult; Fruchtbarkeit, Auferstehung, Unsterblichkeit, Heilung
Römer	Erlösung, Fruchtbarkeit, Heilung, Weisheit

DIE DEUTSCHE EICHE

... AUF DEN DEUTSCHEN 1-, 2- UND 5-CENT-MÜNZEN

Die deutsche Eiche besteht aus dem Blatt der Trauben-Eiche *(Quercus petraea)* und der Frucht der Stiel-Eiche *(Quercus robur)*.

MUTTERMILCH (IN PROZENT)

von wem	*Fettgehalt*	*Konsistenz wie*
Nashorn	0,3	Wasser
Pferd	1,3	fettarme Milch
Esel	2	fettarme Milch
Rind	3,5–5	Kuhmilch
Mensch	4	süße Kuhmilch
Schwarzbär	11	wässrige Sahne
Ratte	15	wässrige Sahne
Rentier	17	wässrige Sahne
Elefant	22	flüssige Sahne
Mäuse	33	flüssige Sahne
Blauwal	42	Mayonnaise
Delfin	44	Mayonnaise

THEORIEN VON DER ERSCHAFFUNG DER WELT UND ENTWICKLUNG DER LEBEWESEN

Theorie	*Begründer*	*zentraler Gedanke*
Kreationismus	erste Christen (vor 1.700 Jahren)	Gott hat die Welt erschaffen, so wie es wörtlich in der Bibel steht
Lamarckismus	Jean-Baptiste Lamarck (1744–1829)	erworbene Fähigkeiten durch Gebrauch oder Nichtgebrauch von Körperteilen werden von den Eltern an ihre Nachkommen weitervererbt
Darwinismus	Charles Darwin (1809–1882)	die am besten angepassten Lebewesen überleben, Entwicklung durch Selektion
Synthetische Evolutions-theorie	August Weismann (1834–1914)	Erweiterung des Darwinismus durch Erkenntnisse aus Genetik und Populationsbiologie
Systemtheorie	Karl Ludwig von Bertalanffy (1901–1972)	Lebewesen stehen als offene Systeme mit ihrer Umwelt im dynamischen Gleichgewicht
„Neo-Darwinismus“	Bobby Henderson (1979)	Erschaffung der Welt durch das fliegende Spaghettimonster (kurz: FSM)

AUSWILDERUNGS- UND WIEDERANSIEDLUNGSPROJEKTE VON ZOOTIEREN

Auerhuhn	Deutschland
Bartgeier	Alpen
Biber	Bayern
Gänsegeier	Zentralmassiv in Frankreich
Habichtskauz	Böhmerwald
Luchs	Schweiz, Harz
Orang-Utan	Borneo, Indonesien
Przewalski-Pferd	Mongolei
Steinbock	Alpen
Uhu	Deutschland
Waldrapp	Österreich, Nordafrika
Weißstorch	Deutschland
Wildkatze	Deutschland
Wisent	Polen
Zwerggans	Skandinavien, Deutschland

HUNDEREKORDE

Die größten Rassen	Deutsche Dogge und Irischer Wolfshund mit Schulterhöhe von rund 1 m
Die schwersten Rassen	Bernhardiner und Altenglischer Mastiff mit Körpergewicht bis zu 90 kg
Die kleinsten Rassen	Miniatur-Yorkshire Terrier und Miniatur Chihuahua mit Schulterhöhe von 14 cm
Die seltenste Rasse	Haarloser Amerikanischer Terrier
Der weiteste Sprung	9,14 m, Windhund Bang
Der höchste Sprung	3,58 m, Deutscher Schäferhund Volse

VOGELNAME = VOGELSTIMME

Girlitz
Kuckuck
Uhu
Zilpzalp

DIE VERSCHLAFENSTEN WINTERSCHLÄFER

Schläfer	*Winterschlafdauer*
Polarhörnchen	9 Monate
Haselmaus	7 Monate
Siebenschläfer	7 Monate
Fledermäuse	6 Monate
Laubfrosch	6 Monate
Zauneidechse	6 Monate
Murmeltier	6 Monate

AUS DEN SUDELBÜCHERN VON GEORG CHRISTOPH LICHTENBERG

Georg Christoph Lichtenberg (1742–1799) war einer der bedeutendsten Naturgelehrten seiner Zeit – und einer der witzigsten und geistreichsten Autoren. In seinen Sudelbüchern notierte er alles, was ihm so einfiel.

> Die größten Dinge in der Welt werden durch andere Dinge zuwege gebracht, die wir nicht achten, kleine Ursachen, die wir übersehen und die sich endlich häufen.
> Die unterhaltsamste Fläche auf der Erde ist für uns die vom menschlichen Gesicht.
> Es regnete so stark, dass alle Schweine rein und alle Menschen dreckig wurden.
> Ein Buch ist ein Spiegel, wenn ein Affe hineinsieht, so kann kein Apostel herausgucken.
> Beim Gehirn kommt es nicht allein auf die Größe, sondern auch auf die Feinheit und die spezifische Schwere an.
> Der Trieb unser Geschlecht fortzupflanzen hat noch eine Menge anderes Zeug fortgepflanzt.
> Ob der Mond bewohnt ist, weiß der Astronom ungefähr mit der Zuverlässigkeit mit der er weiß, wer sein Vater war, aber nicht mit der womit er weiß, wer seine Mutter gewesen ist.
> Ich warf allerlei Gedanken im Kopf herum, bis endlich folgender obenhin zu liegen kam.
> In saufbrüderlicher und kaffeeschwesterlicher Eintracht
> Das ist eine Arbeit wobei sich glaube ich die Geduld selbst die Haare ausrisse.

DER STERN VON BETLEHEM

DER STERN VON BETLEHEM, der die Hirten vor rund 2.000 Jahren zu Jesus Christus Geburtsort leitete, war kein Komet und auch keine Supernova. Kometen galten früher als Unglücksbringer und nach einer plötzlich hell aufflammenden Supernova hätte sich König Herodes nicht heimlich bei den babylonischen Magiern erkundigen müssen – er hätte sie deutlich am Himmel gesehen Somit fallen diese beiden Möglichkeiten flach.

WAS DIE MAGIER (Astronomen) damals beobachteten war eine ungewöhnliche Planetenbewegung, nämlich die dreifache Konjunktion (Zusammentreffen) der hellen Planeten Jupiter und Saturn im Sternbild Fische.

DER PLANET JUPITER symbolisierte damals den babylonischen Gott Marduk, Saturn war ein Zeichen für die Gottheit Kewan, dem Herrscher über die Israeliten, und das Sternbild Fische ein Symbol für das Land Palästina.

DIE MAGIER INTERPRETIERTEN diese auffallende Konjunktion so, dass ihr Gott Marduk dreimal dem Herrscher über Israel Kewan in dessen eigenem Land begegnete. Folglich musste der lang erwartete neue König von Israel endlich geboren worden sein.

FREMDLÄNDISCHE BÄUME AUS NORDAMERIKA

Art	*Erster Nachweis in Mitteleuropa*
Robinie	etwa 1670
Eschen-Ahorn	1699
Kanada-Pappel	um 1700
Weymouths-Kiefer	1705
Rot-Eiche	1724
Runzelblättrige Erle	1769
Kupfer-Felsenbirne	1783
Ährige Felsenbirne	19. Jh.
Späte Traubenkirsche	19. Jh.
Mahonie	1861
Weißer Hartriegel	1861
Schneeball-Blasenspiere	19. Jh.
Erlenblättrige Felsenbirne	1888
Pflaumenblättrige Apfelbeere	1892

VERMEINTLICH AUSGESTORBENE TIERARTEN

Tierart	*für ausgestorben erklärt*	*wiederentdeckt*
Quastenflosser	seit der Kreidezeit	1938
Goldhamster	Anfang des 19. Jahrhunderts	1930
Juan-Fernandez-Seebär	1824	1965
Seychellen-Riesenschildkröte	1840	1996
Inlandtaipan	1878	1967
Takahe-Ralle	1898	1948
Hörnchenbeutler	1909	1961
Chapmans Zwergamazone	1911	2003
Edwardsfasan	1895, 1928	1928, 1996
Madagaskar-Schlangenadler	1930	1988
Elfenbeinschnabelspecht	etwa 1944	2004
Zwergwildschwein	etwa 1948	1971
Bayerische Kurzohrmaus	etwa 1955	2000
Kuba-Schlitzrüssler	1972	1999

LAIKA

DIE DREIJÄHRIGE Mischlingshündin war das erste Lebewesen im Weltall. Sie wurde am 3. November 1957 um 2:30 an Bord der russischen Raumkapsel Sputnik 2 in die Erdumlaufbahn geschossen. Zuvor wurde sie zusammen mit den Ersatzhündinnen Albina und Muschka in zahlreichen Tests auf den Raumflug vorbereitet. Sie absolvierte ein Höhenforschungsprogramm, Testflüge mit einer Testrakete und Zentrifugen und wurde auf die intensiven Belastungen der Mission trainiert. Damit sie sich an die enge Raumkapsel gewöhnt, wurde sie wochenlang in immer kleineren Käfigen gehalten.
DREI TAGE VOR dem Start wurde Laika in der Raumkapsel untergebracht. Dort konnte sie stehen oder liegen und wurde mit Sauerstoff, Nahrung und Wasser versorgt.
LAIKA STARB wenige Stunden nach dem gelungenen Start an Überhitzung und Stress, denn die Temperatur in der Raumkapsel stieg auf über 40 °C. Am 14. April 1958 verglühte Sputnik 2 beim Wiedereintritt in die Atmosphäre.

HOMMAGE AN LAIKA Das gleichnamige Gedicht von Günther Kunert

IN DEUTSCHLAND HEIMISCH

das kleinste Raubtier der Erde	Mauswiesel
die kleinsten Vögel Europas	Winter- und Sommer-Goldhähnchen
die größte Eule der Erde	Uhu
der größter Singvogel der Erde	Kolkrabe
die größte Langstreckenfliegerin der Erde	Küsten-Seeschwalbe
der schnellste Vogel der Erde	Wanderfalke
der größte und schwerste Schwimmvogel der Erde	Höckerschwan
die kleinste Fledermaus Europas	Zwergfledermaus

IN DEUTSCHLAND VERSCHWUNDEN

Gänsegeier und Wisent	im Mittelalter
Auerochse, Ur	im 16. Jahrhundert
Waldrapp	im 17. Jahrhundert
Elch	im 17. oder 18. Jahrhundert
Wolf	im 19. Jahrhundert
Papageitaucher	1830
Braunbär	1835
Luchs	1897
Riesen-Seeschwalbe	1928
Doppelschnepfe	1931

WELTRAUMSCHROTT

Weltraumschrott ist	jedes von Menschen geschaffene Objekt auf einer Erdumlaufbahn, das keine Funktion erfüllt und für das keine reelle Erwartung besteht, seine beabsichtigte Funktion oder irgendeine andere Funktion, die man von ihm erwartet oder erwarten kann, zu erfüllen oder wiederaufzunehmen, einschließlich der Fragmente und Teile dieses Objekts
Bestandteile sind	aufgebrauchte Satelliten, abgetrennte Raketenteile, von Astronauten verlorene Werkzeuge, abgetrennte Raketenoberstufen, Bruchstücke von explodierten Raumfahrzeugen, Aluminium-Schlacke, tropfenförmige Kühlflüssigkeit, Anstrichpartikel

FAKTEN ZUM WELTRAUMSCHROTT

Das erste Stück Weltraummüll	die Oberstufe der Trägerrakete von Sputnik 1, 1957
Zusammensetzung von 1.000 identifizierten Schrottobjekten (2003)	nur 7 % derzeit genutzte Raumfahrzeuge, 13 % missionsverwandte Objekte, 17 % alte Raketenkörper, 22 % nicht mehr benutzte Raumfahrzeuge, 41 % sonstige Objekte, auch natürliche wie Meteoriten
Anzahl Schrottobjekte größer als 10 cm:	11.000
Anzahl Schrottobjekte zwischen 1–10 cm:	rund 100.000
Anzahl Schrottobjekte unter 1 cm:	über 1 Million
Unter Beobachtung	etwa 9.000 Schrottobjekte
Der gefährlichste Schrott	Objekte zwischen 1 und 10 cm, darunter der Arbeitshandschuh eines Astronauten sowie ein Schraubendreher
Gesamtgewicht Weltraumschrott	rund 2.000 Tonnen
Geschwindigkeit der Schrottobjekte	bis zu 50.000 km/h
Energie eines etwa 80 g schweren Schrottobjekts	entspricht 1 kg Sprengstoff
Umkreisdauer von Schrott um die Erde	unterhalb von 600 km Höhe wenige Jahre, in rund 800 km Höhe einige Jahrzehnte, oberhalb von 1.000 km Höhe über 100 Jahre
Schrottringe um die Erde	in 800, 1.000 und 1.500 km Höhe
Selbstreinigung	Schrottobjekte unterhalb von 800 km Höhe verglühen in der Atmosphäre, große Objekte können dabei zerteilt werden
Weltraumschrott, der bis heute auf die Erde fiel	rund 14.600 Objekte
Moderne Schutzschilde von Satelliten, Raumfahrzeugen u.Ä.	fangen Objekte bis zu 1 cm Größe ab
Friedhofsbahn	Umlaufbahn für Weltraumschrott, liegt 300 km oberhalb der geostationären Bahn

1, 11 und 111

1 Gramm, Gewicht einer neugeborenen Zwergfledermaus
11 Minuten für 55 cm, Geschwindigkeit einer Schnecke
111 Grad heißes Wasser, Lebensraum hyperthermophiler Bakterien
1.111 Stundenkilometer, Drehgeschwindigkeit der Erde in Salzburg
11.111 Tage, 126-Mal kreist Merkur um die Sonne
111.111 Zentimeter, alle in eine Reihe gelegten Spermien eines Samenergusses
1.111.111 Bakterien bedecken einen kleinen Stecknadelkopf
11.111.111 Millionen Jahre, Aussterbedatum des wiederentdeckten Nagetiers Kha-Nyou
111.111.111 Zellen gehen in zwei Sekunden im menschlichen Körper zugrunde
1.111.111.111 Anzahl der bisherigen Herzschläge eines 30-jährigen Menschen
11.111.111.111 Anzahl der Insekten, die in England und Wales innerhalb von 30 Minuten von Spinnen getötet werden

GEWICHT VON HODEN

Mensch	35–40 g
Ziegen	80–150 g
Schaf	200–350 g
Afrikanischer Elefant	2–3 kg
Glattwal	bis zu 1 Tonne

SCRABBLE-WÖRTER AUS DER NATUR

Coccaceae	Bakterienfamilie
Cydia	Wicklergattung
Ouabaio	Afrikanischer Baum
Pnyxia	Trauermückengattung
Xyela	Hautflüglergattung
Xyzzors	Gattung Fadenwürmer
Yponomeuta	Gattung Gespinstmotten
Zyxmyia	Fliegengattung

SIEBENPUNKT & CO.

Die Punkte auf den Flügeldecken der Marienkäfer sagen nichts über das Alter des Käfers aus, wohl aber über dessen Artzugehörigkeit. In Deutschland sind 80 Marienkäferarten heimisch. Eine Auswahl:

Anzahl Punkte	*Marienkäferart*	*Färbung der Flügeldecken*
0	Glänzender Schlankmarienkäfer	braun
0	Länglich ovaler Marienkäfer	dunkelbraun
2	Zweipunkt	rot mit schwarzen Punkten
5	Fünfpunkt-Marienkäfer	rot mit schwarzen Punkten
6	Strichfleckiger Marienkäfer	schwarz mit roten Flecken, oft zu Strichen verbunden
7	Heidekraut-Marienkäfer	gelb mit schwarzen Punkten
7	Siebenpunkt	rot mit schwarzen Punkten
10	Zehnpunkt-Marienkäfer	schwarz mit gelben oder roten Flecken
11	Zaunrüben Marienkäfer	rot mit schwarzen Punkten
13	13-Punkt-Sumpfmarienkäfer	rot mit schwarzen Punkten
14	14-Punkt-Marienkäfer	gelb mit schwarzen Punkten
16	16-Flecken-Marienkäfer	gelb mit weißen Punkten
16	16-Punkt-Marienkäfer	gelb mit schwarzen Punkten
19	Asiatischer Marienkäfer	rot mit schwarzen Punkten
19	19-Punkt-Marienkäfer	gelb mit schwarzen Punkten
20	Augenmarienkäfer	rot mit schwarzen, gelb gesäumten Flecken
22	22-Punkt-Marienkäfer	gelb mit schwarzen Punkten
24	Luzernen-Marienkäfer	gelb mit schwarzen Punkten

GLEITFLIEGER

Beilbauchfische
Fliegende Fische
Flugdrache
Gleitbeutler
Gleithörnchen
Afrikanische Schmetterlingsfische

EIN ALTER BAUM IN DER STADT

> bietet rund 28 Vögeln Nahrung, Schutz und Nistplätze
> filtert rund 7.000 kg Staub und andere Partikel pro Jahr aus der Luft
> kühlt die Umgebungstemperatur um bis zu 3,5 °C ab
> nährt und versorgt über 200 verschiedene Insektenarten
> produziert 1.200 Liter Sauerstoff pro Stunde
> ungefähr 200 junge Bäume müssen gepflanzt werden, um ihn zu ersetzen
> verbraucht 2,4 kg Kohlendioxid pro Stunde
> verdunstet rund 30.000 Liter Wasser pro Jahr
> schützt den Boden vor Austrocknung und Kahlfrost

NÖRDLICHSTE ANBAUGEBIETE

Kokospalme	15° nördliche Breite
Kaffee, Kakao	22° nördliche Breite
Banane	23° nördliche Breite
Zuckerrohr	39° nördliche Breite
Tee	41° nördliche Breite
Zitrusfrüchte	42° nördliche Breite
Wein	51° nördliche Breite
Reis	52° nördliche Breite
Tabak	53° nördliche Breite
Mais	54° nördliche Breite
Weizen	63° nördliche Breite
Kartoffeln, Gerste	70° nördliche Breite

GIFTSCHLANGEN IN DEUTSCHLAND

	Vorkommen	*Giftwirkung*
Aspisviper	sehr selten, nur im südlichen Schwarzwald	kann für Menschen tödlich giftig sein
Kreuzotter	in ganz Deutschland, gerne in Steinbrüchen, an Waldrändern, auf Geröllfeldern und Heideflächen	schmerzhaft, aber nur in sehr seltenen Fällen tödlich

DER KUGELFISCH

Kugel-
fischKugelblitzKu-
gelanemoneKugelbauch
KugelrundKugelblitzKugel-
asselKugelbauchmilbeKugel-
echseKugelfingergeckoKugelfisch
KugelfliegenKugelgürteltierKugelerb-
senmuschelKugelstrandkrabbeKugel-
käferKugelkauriKugelkopfkammzäh-
nerKugelkopffliegeKugelkrabbe
KugelfischKugelmuschelKugel-
schildlausKugelschneckeKugel-
spinneKugelspringerKugel-
fischKugelblitzKugel
anemone

HELLIGKEITEN VON SONNE, MOND UND STERNEN

Nach der rund 2.000 Jahre alten Helligkeitsskala von Hipparch. *m* bedeutet magnitudo (= Größe): Je größer die *negative Zahl, desto heller;* je größer die *positive Zahl desto lichtschwächer.*

Sonne	−27 m
Vollmond	− 13 m
Halbmond	− 11 m
Venus	bis zu − 5 m
Mars	bis zu − 3 m
Jupiter	bis zu − 2,5 m
Merkur	bis zu − 2 m
Sirius, der hellste Stern	− 1,5 m
Saturn	bis zu − 0,5 m
Uranus	bis zu + 5 m
schwächstes mit dem Auge noch erkennbares Himmelsobjekt	+ 6 m
Neptun	bis zu + 7,5 m
Pluto	bis zu + 14 m

DIE EXPEDITION DER ENDURANCE

Eine Zeitungsanzeige in der Londoner Times, in der Männer für eine riskante Reise mit zweifelhafter Heimkehr gesucht wurden, soll den antarktis erfahrenen Sir Ernest Shackleton 1913 zu der Expedition mit der Endurance zum südlichsten Kontinenten der Erde veranlasst haben. Diese Expedition zählt trotz seines Misserfolgs zu den berühmtesten und beeindruckendsten der menschlichen Naturentdeckungsgeschichte: Zum einen gilt die 1.200 km lange Fahrt während des stürmischen Südherbstes mit einem nussschalengroßen Boot über das unberechenbare Südpolarmeer als navigationstechnische Meisterleistung, zum anderen überlebten dank der Weitsicht und der mutigen Entscheidungen von Sir Ernest Shackleton alle Männer das 21-monatige Abenteuer im tiefen Süden der Erde.

5. Dezember 1914 ..	Abfahrt der Endurance in Grytviken, Südgeorgien mit Shackleton, 27 Seemännern und einem blinden Passagier.
7. Dezember 1914 ..	Die Endurance erreicht das Packeis.
10. Januar 1914	Die Endurance erreicht das Weddellmeer.
18. Januar 1915	Nach der Passage von 75° Süd wird die Endurance im schweren Packeis eingeschlossen; Versuche, das Schiff freizuhacken, misslingen.
26. Februar 1915 ...	Den Männern ist klar, dass sie noch für Monate eingeschlossen sein werden, und stellen sich auf eine lange Zeit im Eis ein; es herrschen Temperaturen um -26° C; das Schiff treibt monatelang im Packeis erst süd-, dann nordwärts.
1. Mai 1915	Die Sonne geht unter, in den nächsten drei Monaten herrscht Nacht.
26. Juli 1915	Die Sonne geht zum ersten Mal wieder auf, aber nun bewegt sich das Eis stärker und der Eisdruck auf das Schiff wird größer.

Impressum

Mit 31 Strichzeichnungen, 18 von Stefan Cölsch (S. 11, 16, 52, 53, 57, 63, 65, 73, 82), 4 von Christel Nöllert (S. 130), 7 von Johannes-Christian Rost (S. 31, 86).

Karte auf S. 95 von Wolfgang Lang

Umschlaggestaltung von eStudio Calamar, Girona, unter Verwendung einer Abbildung von Marianne Golte-Bechtle/Kosmos (Kolkrabe)

Bibliografische Information Der Deutschen Nationalbibliothek
Die Deutsche Nationalbibliothek verzeichnet diese Publikation in der Deutschen Nationalbibliografie; detaillierte bibliografische Daten sind im Internet über http:\\dnb.ddb.de abrufbar.

Gedruckt auf chlorfrei gebleichtem Papier

ISBN 978-3-440-11032-4
Lektorat: Alke Rockmann
Produktion: Markus Schärtlein
Grundlayout: eStudio Calamar
Printed in the Czech Republic / Imprimé en Republique Tchèque

27. Oktober 1915 ... Die Endurance zerbricht im Packeis, die Männer verlassen das Schiff.

30. Oktober 1915 .. Die Männer verlassen den Unglücksort mit den drei Booten im Schlepptau und versuchen die Paulet-Insel zu erreichen.

1. November 1915 .. Die Männer haben sich etwa 2,5 km von der Endurance entfernt.

21. November 1915 . Die Endurance geht unter.

23. Dezember 1915 . Die Männer errichten ein Lager und lassen sich auf dem Packeis treiben.

8. April 1916 .... Die Eisscholle, auf der sich das Camp befindet, ist nur noch 100 m lang und treibt im Wasser.

9. April 1916 .... Die Männer verlassen mit den Booten die Eisscholle, um die 100 km entfernte Elefanten-Insel zu erreichen.

15. April 1916 ...... Die Männer erreichen die kleine, einsame Elefanten-Insel.

24. April 1916 ...... Abfahrt des nur 7 m langen, badewannenhohen Bootes James Caird mit Shackleton und fünf Männern in Richtung Südgeorgien, weil es keinerlei. Hoffnung gibt, auf dieser Insel gerettet zu werden

10. Mai 1916 .... Ankunft der James Caird an der unbewohnten Westküste Südgeorgiens nach einer 1.200 km langen Fahrt über das gefährliche Südpolarmeer.

20. Mai 1916 .... Ankunft der Männer nach einer abenteuerlichen Klettertour über noch nie bestiegene Berge und Gletscher in der Walfangstation Stromness.

21. Mai 1916 .... Shackleton startet in Südgeorgien mit einem Walfängerboot, um seine Mannschaft zu retten, muss aber 130 km vor der Elefanten-Insel umkehren.

17. Juni 1916 .... Shackleton startet erneut mit einem Forschungsschiff, muss aber 35 km vor der Elefanten-Insel aufgeben, weil diese von einem geschlossenen Eisring umgeben ist.

12. Juli 1916 .... Shackleton startet mit einem Postschiff, muss aber aufgeben, weil das Schiff zu schwach ist.

30. August 1916 ... Bei seinem vierten Rettungsversuch erreicht Shackleton die Elefanten-Insel und kann seine Mannschaft retten: ALLE HABEN ÜBERLEBT!

Nahrung der Männer: Robbenfleisch, Robbenfett über Monate.

NASHÖRNER DER ERDE

Nördliches Breitmaul- oder Weißes Nashorn .... Afrika
Südliches Breitmaul- oder Weißes Nashorn .... Afrika
Spitzmaul- oder Schwarzes Nashorn .... Afrika
Panzernashorn .... Asien
Javanashorn .... Asien
Sumatranashorn .... Asien

PFLANZEN, DIE IN DER MITTELALTERLICHEN KÜCHE FEHLTEN

Diese Pflanzen brachten die Eroberer aus Süd- und Mittelamerika mit:

Avokado
Batate
Baumwolle
Bohnen
Cherimoya
Chili
Erdnuss
Inkaweizen
(Amaranthus)
Kaffee
Kakao
Kartoffel
Mais
Maniok
Papaya
Paprika
Tomate
Vanille

DER TYPISCH DEUTSCHE BLITZ

> zu jeder Zeit entladen sich auf der ganzen Erde rund 100 Blitze
> überbrückt eine Strecke von 1–5 km
> hat einen Durchmesser von bis zu 12 mm
> entlädt sich zwischen den Wolken (2/3 aller Blitze) oder zwischen Wolke und Erde
> hat eine Geschwindigkeit von 128.000 km/s
> erzeugt einen Strom von 50.000–100.000 Ampere
> hat eine Temperatur von rund 40.000 °C
> ist besonders gefährlich für Bergwanderer und Schwimmer
> trifft jährlich einen von elf Millionen Menschen tödlich
> schlägt fünfmal im Jahr auf der Fläche von 1 km² ein
> schlägt 60-Mal häufiger in Eichen ein als in Buchen

ZAHLENSPIELE – DIE 6

- 80 % aller tierischen Lebewesen haben **6** Beine.
- Seit der Antike sind **6** Himmelskörper unseres Sonnensystems bekannt: Merkur, Venus, Mars, Jupiter, Saturn und der Mond.
- Bienenwaben haben **6** Ecken.
- Die Lebewesen können in **6** Gruppen eingeordnet werden: Viren, Archaebakterien, Bakterien, Pilze, Pflanzen und Tiere.
- Das Sommer- und das Winterhalbjahr bestehen aus jeweils **6** Monaten.
- Die Blüten der Liliengewächse (Tulpe, Lauch, Hyazinthe, Märzenbecher) besitzen **6** Blüten- und **6** Staubblätter.
- Starenmännchen haben mit bis zu **6** Weibchen gleichzeitig Junge.
- Das Herz der Miesmuschel macht alle **6** Sekunden einen Herzschlag.

TIERHETZEN IM RÖMISCHEN REICH

Im Römischen Reich waren Tierhetzen in der Zirkusarena, die so genannten venationes, ein beliebtes Unterhaltungsprogramm der Bürger. Am beliebtesten waren Löwen, Panther, Bären, Elefanten und Nashörner, die aus dem Nahen Osten und Afrika nach Rom geschafft wurden.

Konsul Sulla	ließ afrikanische Bogenschützen 100 Löwen auf einmal in der Arena töten
Konsul Pompeius Magnus	ließ innerhalb von 5 Tagen über 700 wilde Tiere in der Arena kämpfen und töten
Kaiser Augustus	ließ bei zahlreichen großen Festen 3.500 wilde Tiere, darunter Löwen und Bären, töten
Kaiser Titus	ließ zur Einweihungsfeier des Kolosseums 5.000 wilde Tiere töten
Kaiser Trajan	ließ zur Siegesfeier am Ende der Dakerkriege 11.000 wilde Tiere töten
Kaiser Marcus Aurelius Probus	ließ bei einer Triumphfeier 600 wilde Tiere töten
Kaiser Nero	ließ seine Elitereiter gegen mehrere 100 Bären und Löwen kämpfen

ENTSTEHUNG VON GESTEINEN

Gesteinstypen	*Entstehung*	*Gesteinsgruppen*	*Entstehung*	*Gesteine*
Erstarrungsgesteine, Magmatite	direkt aus flüssigem Magma	Ergussgesteine, Vulkanite	aus flüssiger Lava, die sich rasch abkühlt	Lava-Steine wie Bimsstein, Basalt, Obsidian, Rhyolith, Phonolith, Andesit
		Tiefengesteine, Plutonite	im Erdinnern aus Magma, die sich langsam abkühlt	Granit, Syenit, Diorit, Gabbro, Peridorit
Sedimentgesteine, Sedimentite	durch mehr oder weniger große Gesteinspartikel, die nach Verwitterung transportiert und abgelagert (sedimentiert) werden	Trümmergesteine, klastische Sedimentite	durch mechanische Zerstörung von Gesteinen	Konglomerat, Brekzie, Sand-, Schluff-, Tonstein
		chemische Sedimentite	Fällung gelöster Substanzen aus übersättigten Lösungen	Salze, Karbonate, Sulfate, Zechstein
		Biolithe, biogene Sedimentite	durch lebende Organismen	Riffkalke, Bonebed
		Rückstandgesteine	aus chemisch veränderten Gesteinen	Bauxit, Kaolin, Laterit
Metamorphe Gesteine, Metamorphite	aus älteren Gesteinen in großer Tiefe durch immensen Druck und hohe Temperaturen im festen Zustand	dynamische Metamorphite nach Regionalmetamorphose	bei hohem Druck und relativ niedrigen Temperaturen	aus Tonsteinen wird Schiefer, Quarzsandstein wird Quarzit
		thermische Metamorphite nach Kontaktmetamorphose	bei hohem Druck und hohen Temperaturen ohne Aufschmelzung des Gesteins	aus Granit wird Gneis, aus Kalkstein wird Marmor

HERKUNFT DER WINDE IN DEUTSCHLAND

Windrichtung	*Herkunft*
Südost, Süd	subtropische, kontinentale Warmluft vom Balkan, nur im Sommer
Süd, Südwest	subtropische, maritime Warmluft vom Mittelmeer und den Azoren
West, Nordwest	polare, maritime Kaltluft vom Nordmeer, Atlantik, Grönland und Island
Nord, Nordost, Ost und Südost	polare, kontinentale Kaltluft aus Russland, Skandinavien und dem Balkan

NUTZPFLANZEN DER INDIANER NORDAMERIKAS

Pflanze	Flechtarbeiten, Gewebe	Gebrauchsgegenstände	Heilmittel	Nahrung	Rauschmittel	Schnaps, Getränk	Tabak	Süßigkeit
Agave	x	x		x		x		x
Azalea				x	x			
Bärentraube							x	
Basin-Sagebrush			x					
Bitterball			x					
Bohnen				x				
Brotsamenpflanze				x				
Mesquite				x				
Hopfennüsse			x					
Kanadische Pappel	x							
Kürbis		x		x				
Mais				x				
Mormonentulpe				x				
Peyote					x			
Salbei			x			x		
Stechpalme			x		x			
Walnuss						x		
Zuckerahorn								x

DIE GEOGRAPHISCHE MITTE EUROPAS

Nahe der Stadt Wilna (Vilnius) in Litauen bei
25°19' östliche Länge und *54°54' nördliche Breite*
(errechnet vom Nationalen Geographischen Institut, Frankreich)

DIE LETZTEN MALE

> Der letzte Astronaut (Eugen Cerhan) verließ am 14. Dezember 1972 den Mond.

> Der letzte Bär in Deutschland war JJ1. Er wurde am 26. Juni 2006 erschossen.

> Die letzte Wandertaube wurde am 1. September 1914 im Zoo von Cincinnati gesehen.

> Das letzte Mammut lebte als Zwerg vor 5.000 Jahren auf der Wrangel-Insel.

> Seinen letzten Atemzug machte der Naturforscher Alexander von Humboldt am 6. Mai 1859.

> Der letzte Tag, an dem zu unserem Sonnensystem nur sechs Planeten gehörten, war der 12. März 1781. Am folgenden Tag entdeckte Wilhelm Herschel den Planeten Uranus.

> Die letzte Sonnenfinsternis im 2. Jahrtausend n. Chr. fand am 11. August 1999 statt.

> Im Jahre 2006 tummelte sich der letzte Chinesische Flussdelfin im Jangtse.

DER KOSMOS

Kosmos .... griechisch, auf Deutsch: Ordnung
Kosmos .... Begriff für die Welt als Ganzes
Kosmos .... Mondkönig in Offenbachs Oper „Die Reise zum Mond“
Kosmos .... Stuttgarter Verlag
Kosmos .... Name russischer Satelliten
Kosmos .... Humboldts geschriebenes Lebenswerk, 1845 – 1862
Kosmos .... Gattung der Korbblütler (Cosmos)
Kosmos .... Sonde mit revolutionärem Sonnensegelantrieb
Kosmos .... das Universum